莓果甜點聖經

A cake and dessert of the berry

瑞昇文化

CONTENTS

莓果的基礎知識

Chapter 1
莓果蛋糕

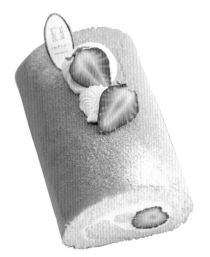

Chapter 2
莓果常溫甜點、砂糖甜點

Chapter 3
莓果雪藏點心、餐廳甜點

烘焙師、甜點專賣店的雪藏點心與甜點

餐廳的甜點

使用本書之前

● 若沒有特別標記，奶油一律使用無鹽奶油。

● 明膠片先根據材料表測量好用量，然後用冷水泡軟，確實擠出水分後再使用。

● 材料中，鮮奶油的（％）指乳脂肪含量。

● 若沒有特別標記，全蛋、蛋白、蛋黃一律打散後使用。

● 材料若有特別指定，就會記載商品名稱。

● 把材料放進攪拌盆，再透過之後的作業進行「打發」、「起泡」，若沒有特別指定，攪拌機的配件一律採用打蛋器。

● 標記將液體「煮沸」時，就要徹底煮沸。

● 甜點製作中，將多個配件設定成「容易製作的份量」時，製作完成的配件數量，未必能夠符合相同個數的甜點。

● 若沒有特別標記，烤箱應預熱至加熱溫度。

● 烤箱的溫度和加熱時間僅供參考。請依照使用的機種或機器特性自行調整。

莓果的基礎知識

所謂的莓果

在植物學上，「Berry」稱為漿果，而有些平常不被稱為莓果的水果，例如香蕉、甜瓜等，也都屬於「漿果」。另外，堪稱是莓果代表的果實部分，例如草莓或黑莓等，並不是「漿果」。

本書並沒有採用植物學的分類，而是以一般被稱為莓果的草莓、覆盆子、藍莓、黑莓等，富含豐富果汁的果實為主，分別由18位甜點師、主廚介紹莓果製成的點心和甜點。

除了用來作為甜點材料，大家所熟悉的莓果之外，同時也刊載了在甜點世界的新寵莓果、只在產季才能短暫入手的莓果等，各式各樣的莓果甜點。
如果能在甜點製作上幫助到各位讀者，將是我們最大的幸福。

草莓

Strawberry (英)／*fraise* (法)

DATA

產地	北美、歐洲
科別	薔薇科
日本主要產地	栃木、福岡、熊本、愛知、靜岡等
國內產季	11月~5月、6月~11月左右（夏草莓）

草莓的果實是由支撐著花，被稱為花托的部分膨大而成，果實上面可以看到一顆顆的種籽。每顆果實裡面含有一顆顆種籽，種籽越多，果實越肥美。另外，草莓的果實含有許多香味成分，據說學名「Fragaria×ananassa（鳳梨的）」的由來，就是因為草莓含有類似於鳳梨的強烈香氣。

原本的草莓產季是初夏，但是，日本國內主要以促成栽培為主流，因此，採收時間是11月開始至隔年的4、5月左右。採用促成栽培的最大原因是為了提前採收，以滿足全年的市場需求。尤其在供需量極高的聖誕節時期，草莓的流通量更是倍增。

正常來說，在初夏結果的草莓，會在前一年的秋天，因為日照時間縮短、低溫等多種氣候條件下，開始進入結果的準備。然後，等到冬天過去，春天來臨之後，草莓會在日照時間增加、氣溫上升等條件俱備的情況下，開始開花、結果。讓草莓提前結果的促成栽培則是用人工方式來控制這些外在條件，而結果所需要的日照時間和氣溫等條件，會因為品種而有不同。現在日本國內登錄的品種數量約多達300種，透過適合土地氣候的品種挑選，日本國內從北海道到沖繩，各地都有草莓的栽種。另外，夏天至秋天期間，除了進口品之外，因為北海道和長野等日本國內的涼爽地區都是栽種四季品種，所以就有夏季與秋季皆可採收的「夏季草莓」流通。

日本草莓栽培的歷史

草莓的野生種遍布世界各地，據說日本國內現在的栽種品種是，由美國東部原產的草莓以及美國西海岸等地原產的草莓，和歐洲品種配種而成的。

據說日本最初的栽種品種是在江戶時代末期傳入，不過，因為當時還沒有正式商業化，所以直到明治時代以後才開始正式栽種。最早的起源是名為「福羽」的品種，那是由農學家福羽逸人在法國培育的草莓種籽於1880年培育而成的品種。福羽逸人從那時開始，便是實施草莓促成栽培的人物，截至1980年代之前，「福羽」一直是日本最具代表性的促成栽培用品種。在第二次世界大戰之前，國內栽種草莓的產地從北海道擴大延伸至九州，期間曾因戰爭而造成短期的產量減少，直到戰後才又再次擴大。1960年代以後，更因設施（溫室）栽種的普及、新品種的導入，乃至草莓結果生理機制的研究發展，而迅速擴大了產量。之後，甚至積極開發出更多適合促成栽培的品種，例如，1980年代問世的「豐香」、「女峰」；1996年登場的「栃乙女」；2005年的「甘王」等。現在專家們則以更具魅力的口感與流通性提升為目標，積極嘗試各種不同的全新配種。

本書主要使用的
草莓的特徵

栃乙女

栽種地或機關 栃木縣
交配種 久留米49號×栃之峰
季性 一季

因為酸甜滋味兼具，而長年深受喜愛，大部分都在以栃木縣為首的東日本地區栽種。另外，栃木縣在2018年以「栃乙女」的後繼品種為目標，開發出「栃愛果」。相較於栃乙女，栃愛果的甜度較高，酸度偏低，同時抗病性更強、栽種流通也相對容易。

紅頰

栽種地或機關 靜岡縣
交配種 章姬×幸香
季性 一季

繼承了「章姬」的香氣和甜度、「幸香」的濃郁與酸味。果肉紮實，紅潤的色澤深入至中心。

彌生姬

栽種地或機關 群馬縣
交配種 （TONEHOPPE×栃乙女）×TONEHOPPE
季性 一季

大顆粒，甜味與清爽酸味的酸甜滋味恰到好處，果肉紮實。因為「就算是接近產季尾聲的3月（彌生），依然能夠維持優異品質」，所以才會取這樣的品種名稱。

夢香

栽種地或機關 愛知縣
交配種 久留米55號×系531
季性 一季

水潤多汁，十足的甜味和恰到好處的酸味，譜出清爽滋味。品種名的由來是「實現大家夢想的美味草莓」。

甘乙女

栽種地或機關 愛媛縣
交配種 栃乙女×佐賀穗香
季性 一季

香氣豐郁，甜味強烈，酸味較少。呈現圓錐形，大多都是20g以上的大顆粒。

幸香

栽種地或機關 福岡縣
交配種 豐香×愛莓
季性 一季

甜味和酸味均衡，果肉紮實。草莓裡面含有大量的維生素C。

福岡S6號（甘王）

栽種地或機關 福岡縣
交配種 久留米53號（豐香×輝香）×育成系統（久留米49號×幸香）※久留米49號⋯豐香×女峰的交配種
季性 一季

福岡縣農業綜合試驗場花了5年時間所開發而成的品種，甜味強烈，大多都是大顆粒。「甘王」為登錄商標。

美味C草莓

栽種地或機關 福岡縣（九州沖繩農業研究中心）
交配種 9505-05×幸香
季性 一季

草莓當中，維生素C的含量較高，果肉紮實，濃郁的甜味和酸味均衡。「晴莓」是岡山縣內按照手冊所栽種的美味C草莓的品牌名稱。

雪兔

栽種地或機關 佐賀縣
交配種 非公開
季性 一季

利用突然變異的白色草莓進行品種改良的白草莓。僅由隸屬於「唐津雪莓協會」的5名生產者栽種。帶有清爽的果實感，酸味沉穩。

鈴茜

栽種地或機關 Hokusan株式會社（北海道）
交配種 非公開
季性 四季

適合在夏季採收的品種，主要於6～11月左右提供業務用。帶有鮮明且清爽的酸味以及適度的甜味。特色是略呈圓形的橢圓外型。

夏日抒情

栽種地或機關 長野縣
交配種 非公開
季性 四季

2021年登錄的品種，產季為6～11月的夏季草莓。相較於酸味鮮明的鈴茜，甜味和酸味比較均衡。僅在長野縣內栽種。

覆盆子

raspberry（英）／*framboise*（法）

DATA

產地	北美、歐洲
科別	薔薇科
日本主要產地	關東地區以北（秋田、山形、北海道、長野等）
國內產季	6～9月左右

由被稱為小核果（Drupelet）的小顆果實所組成，中央呈現空洞，每個小核果裡面都含有1顆種籽。生覆盆子是全年皆由美國、歐洲、紐西蘭等國家進口的進口品。日本產品種只有初夏至秋季之間可採收，但流通量不多。果實成熟後，會慢慢從花萼（蒂頭）上脫落，所以大多是在沒有花萼的狀態下出售。通常1顆的重量大約2～5g左右，不過，有時也會有10g左右的大顆粒品種。紅色是比較普遍的品種，除外，還有黃、黑、紫等豐富的顏色。

黑莓

blackberry（英）／*mûree*（法）

DATA

產地	北美、歐洲
科別	薔薇科
日本主要產地	青森、秋田、熊本等
國內產季	6～8月左右

果實除了黑色之外，還有紅色品種。現在的栽種品種主要是由北美自生種所改良而成，抗病蟲害較強，無需農藥就可輕鬆栽種。偏好比較溫暖的氣候，日本國內主要是在東北地區栽種，除此之外，熊本縣也有栽種。除了長成樹木的種類外，還有爬藤性的種類，爬藤性的種類又被稱為「露莓（Dewberry）」。雜種和變種較多，日本主要以果泥形式出售的泰莓是黑莓和覆盆子的交配種。

藍莓
blueberry （英）／*myrtille* （法）

DATA	
產地	北美
科別	杜鵑花科
日本主要產地	東京、群馬、長野等多數
國內產季	6～9月

據說藍莓的品種超過100種，在日本國內栽種的種系，因各自適合栽種的地區而有所不同，主要有「北方高叢種系」、「南方高叢種系」、「兔眼種系」3種。還有由這些種系混合而成的混合種系。概略來說，北方高叢的味道特色是酸甜均衡；南方高叢是甜味豐富；兔眼則是酸味沉穩，不過，實際味道仍會因品種而有不同。另外，大小、口感、香味和色調也有品種差異。

藍莓的種系

北方高叢種系（Northern Highbush）
原產於美國北部，適合在寒冷地區栽種的品種，日本關東以北至北海道南部皆可栽種。
產季：6～7月
●品種例
自由（Liberty）…大顆粒，酸味和甜味均衡，多汁
追魄（Draper）…大顆粒，口感清脆，富含香甜果實味
早藍（Earliblue）…採收時期特別早，甜味和酸味均衡　等

南方高叢種系（Southern Highbush）
由北方高叢種系改良而成的種系，適合栽種在冬天相對溫暖的地區。日本東北南部至沖繩皆有栽種。
產季：6～7月
●品種例
優利卡（Eureka）…日幣500元硬幣那樣的特大尺寸，清脆口感
暮光（Twilight）…超大顆，甜味和酸味均衡
草地鷚（Medowlark）…大顆粒且香氣濃郁　等

兔眼種系（Rabbiteye）
原產於美洲群島南部，在冬季氣候溫暖的地區比較容易栽種。因為在熟成期間，果實會呈現粉紅色，所以才會被命名為兔眼。
產季：7～9月
●品種例
科威爾（Krewer）…特大尺寸，甜味強烈，果肉軟嫩
泰坦（Titan）…特大尺寸，清脆口感
佛羅里達玫瑰（Florida Rose）…果皮呈珊瑚粉，酸味沉穩

混合種系
高叢種系和兔眼種系的交配種。
產季：6～9月，依品種而異
●品種例
粉紅檸檬水（Pink Lemonade）…粉紅色的果皮，有著檸檬水般的沉穩酸味和甜味。產季是6月下旬至7月上旬

紅醋栗

currant〈英〉
groseille〈紅、白〉 *cassis*〈黑〉〈法〉

DATA

產地	歐洲
科別	茶藨子科（有時也會被分類在虎耳草科）
日本主要產地	青森、北海道等
國內產季	6～7月左右

由於酸味非常強烈，所以通常都是加工製作成果醬、水果酒等。另外，因為顆粒小且果皮和種籽的比例較多，因此含有豐富的果膠。除了紅、白（本書食譜標記為紅醋栗、白醋栗）、黑（本書食譜標示為黑醋栗）之外，還有粉紅色的。每一種都偏愛冰冷土地，青森、北海道、岩手幾乎佔了全部的產量。另外，青森縣從很早之前便推行黑醋栗的正統栽培，並謀求品牌化。

紅醋栗

白醋栗

黑醋栗

鵝莓

gooseberry (英) ／*groseille à maquereau* (法)

DATA

產地	北美、歐洲
科別	茶藨子科（有時也會被分類在虎耳草科）
日本主要產地	北海道、長野等
國內產季	6〜7月左右

紅醋栗的夥伴，果實比紅醋栗大，果實不是成簇生長，而是成串生長在樹枝上。另外還有「分穗醋栗」、「刺莓」等別名。綠色期間的果實酸味比較強烈，適合加工。成熟後，果實呈現紅紫色，酸味轉淡，所以也適合生吃。歐洲除了加工成醬汁或點心之外，在19世紀的英國除了食用之外，更是十分受歡迎的園藝植物，曾經頻繁舉辦過創造多數品種的品評會。

小紅莓

cranberry (英) ／*canneberge* (法)

DATA

產地	北美
科別	杜鵑花科
日本主要產地	—
國內產季	9〜11月左右

在日本國內的寒冷地區自然生長，北海道等地區也可以看到自生種的栽種，不過，市面上幾乎沒有銷售，大部分都是來自美國等國家的進口品，以冷凍、乾燥、果汁等加工品的形態銷售。因為酸味強烈，所以大多都被加工成果醬或醬汁等。在原產地北美是家庭料理中十分常見的食材，截至19世紀初之前，通常都是摘採野生種使用，不過，之後就因為發現栽種方法而有了產業發展。

食用酸漿

ground cherry, cape gooseberry,
golden berry (英)
physalis (法)

DATA

產地	南美
科別	茄科
日本主要產地	秋田、北海道、長野、新潟、愛知等
國內產季	7～10月左右（也有春季收成的種類）

不同於觀賞用的掛金燈的實用品種。甜度較高，
被稱為「黃金莓」等的種類有著酸甜，宛如熱帶
水果般的奢華香氣與風味，多汁且帶有種籽的顆
粒口感。日本國內秋田縣的上小阿仁村因最早開
始將食用酸漿產地化而聞名。歐洲則是自古便開
始栽種食用種，因而十分普及。也有「黏果酸
漿」等甜度較低，被當成蔬菜食用的種類。

桑葚

mulberry (英)／***mûrier*** (法)

DATA

產地	中國北部、朝鮮半島
科別	桑科
日本主要產地	日本全國自生
國內產季	6～7月左右

因為樹葉是蠶的餌食，所以日本自古就有栽種，
廣泛自然生長於日本全國的山地等地區。西亞和
地中海地區附近也會把果實當成莓果食用。因為
無法存放過久，所以流通量極少。帶有沉穩的甜
味和隱約的酸味，除了適合生吃之外，也會被加
工成果醬、水果酒等。另外，果實是花萼膨大化
的小顆粒集合體。

主要日本產莓果的產季列表

1	2	3	4	5	6	7	8	9	10	11	12

草莓（一季）

草莓（四季／夏季草莓）

覆盆子

黑莓

藍莓
（高叢種系）

藍莓（兔眼種系）

紅醋栗

鵝莓

食用酸漿

桑葚

用當地的素材製作甜點

善用素材得天獨厚的環境

渡邊世紀
パティスリーシエクル（栃木縣宇都宮市）

「從學徒時期開始，我就深刻感受到栃木縣產的水果當中有許多不錯的素材，於是便自然而然地決定，未來一定要使用當地的素材來製作甜點。準備自立門戶的時候，我就開始尋找採購的農家，然後，找到的農家又會介紹其他農家給我，因而增加了不少合作夥伴。有些水果我會選擇在採收當天前往農家採購，因此，非常地新鮮，而且親自採購的時候，還可以直接向農家詢問素材的相關問題，這些資訊也能成為自己製作新甜點的靈感來源。栃木的水果當中，最有名的當然非栃乙女莫屬，不過，除此之外，還有生產各種莓果或是芒果、香蕉的農家。未來，我依然會持續善用素材得天獨厚的環境來製作新甜點。」

與生產者建立良好且持續的關係

栗田健志郎
アトリエブレ（長野縣松本市）

「店內使用的水果是向25間農家直接採購的，他們主要來自長野縣，其中也有部分來自其他縣市。有時是請他們配送，有時則是親自前往採購，順便參觀農園。我非常享受這樣的交流，同時，我也認為生產素材的人和使用素材的人，彼此互相了解是非常重要的事情。從開業開始，店內都是使用當地產的夏季草莓，品種有2種，不過，因為兩種都沒辦法穩定採收，所以製作的時候並不會特別指定品種。對農家來說，有損傷或外觀不漂亮的夏季草莓比較不容易銷售，所以我便有了把夏季草莓製作成雪酪（p.135）的念頭。把損傷的素材製作成商品，我希望透過這樣的方式，建立起互助關係。衷心期望這種長期維繫的關係，也能讓本店創造出更多獨一無二的甜點。」

產地才有的新鮮度與完熟的美味

山內敦生、山內ももこ
菓子工房ichi（愛知縣稻澤市）

「我們長期在關東的甜點店工作，自立門戶的時候，我們回到（敦生先生的）故鄉愛知縣。那個時候，最令我們驚訝的是草莓的絕佳新鮮度。上午集貨的採購素材，傍晚就能收到，完全不會有碰撞到包裝底部，造成素材損傷等情況。另外，唯有產地才可以採購到的完熟水果，真的非常美味，就算製作成甜點，味道依然十分鮮美。其中，為了讓夏季期間也可以使用，我們還會把當地產的草莓貯藏起來。當草莓季節接近尾聲時，就購買需要的份量，放進砂糖裡醃漬，然後冷凍起來。把它製作成醬汁或砂糖甜點，這樣一來，全年都可以提供草莓菜單。未來，我們的夢想是在自己的農地上栽種覆盆子等莓果，再用採收的莓果來製作甜點。」

不妨礙素材美味的距離

やまだまり
菓子屋マツリカ（兵庫縣神戶市）

「在神戶·元町的食材店工作時，我對日本各地悉心栽種的農作物和食品有了非常深入的了解，因而對地產地消產生了極大興趣。我也是從那個時候開始開設專賣甜點的「菓子屋マツリカ」。名為「EAT LOCAL KOBE」的農夫市集也是我

擺攤的地點之一。那裡是神戶市的農家和店鋪聚集的早市，在參加市集的同時，我也會積極和當地的生產者交流。我在那裡挖掘到的素材便是竹內的「美味C草莓」（p.115）。雖然在那之後我也吃過許多不同品種的草莓，不過，我覺得還是美味C草莓最美味，所以我到現在仍持續使用。我使用的素材幾乎都是在這種情況下發掘的。趁新鮮度還沒有流失的時候，盡快把素材製作成甜點，讓周邊的近鄰品嚐到新鮮美味，就是我當前的主題。」

Chapter

1

———

莓果蛋糕

Strawberry

草莓蛋糕

草莓塔

昆布智成

慕斯是由草莓和覆盆子混合製成，
內餡是佛手柑果凍。
和草莓同是莓果類的覆盆子的酸味
和帶有清爽鮮明印象的柑橘酸味，
從兩種方向勾勒出草莓的甜味輪廓，
讓主角的素材感更加鮮明。

〔主要構成要素〕
（下起）法式甜塔皮、杏仁
奶油餡、莓果慕斯
（內餡）佛手柑果凍
（慕斯外層）草莓、食用花

法式甜塔皮

材料（容易製作的份量）

奶油 …… 250g

A｜糖粉 …… 140g
　｜鹽巴 …… 2g

全蛋 …… 80g

B｜杏仁粉 …… 60g
　｜低筋麵粉 …… 400g

＊B混合過篩備用。

製作方法

1　把奶油放進鋼盆，用打蛋器攪拌至均勻柔滑程度，加入A，持續磨擦攪拌至呈現泛白狀態。
2　逐次加入少量的全蛋混拌，讓材料乳化。
3　加入B，用橡膠刮刀劃切攪拌，混拌成團後，用保鮮膜包起來，放進冰箱冷藏一晚。

杏仁奶油餡

材料（容易製作的份量）

A｜奶油 …… 100g
　｜糖粉 …… 100g

全蛋 …… 100g

杏仁粉 …… 100g

製作方法

1　把A放進攪拌盆，用攪拌機的拌打器攪拌均勻。
2　把全蛋逐次少量加入1裡面，一邊進一步攪拌，讓材料乳化。
3　把杏仁粉倒進2裡面攪拌均勻。

佛手柑果凍

材料（直徑2cm的球形模型30個）

A｜佛手柑果泥 …… 50g
　｜水 …… 20g
　｜精白砂糖 …… 10g
　｜鏡面果膠 …… 20g

明膠片 …… 2g

製作方法

1　把A放進鍋裡加熱，煮沸後關火，加入明膠，讓明膠溶解。
2　把1均等倒入模型，冷凍。

莓果慕斯

材料（50個）

A｜草莓果泥 …… 110g
　｜覆盆子果泥 …… 110g
　｜精白砂糖 …… 30g

明膠片 …… 10g

鮮奶油（35%）…… 290g

製作方法

1　把A放進鍋裡加熱，煮沸後，倒入精白砂糖溶解，關火。
2　把明膠倒進1裡面溶解，隔著冰水混拌，讓材料冷卻至20℃。
3　把鮮奶油倒入鋼盆，打發至8分發，把2倒入撈拌。

鏡面果膠

材料（容易製作的份量）

鏡面果膠 …… 100g

覆盆子果泥 …… 10g

製作方法

把所有材料混合在一起。

其他

草莓、食用花

✦ 組合 ✦

1　把法式甜塔皮的厚度擀壓成2mm，填進直徑4cm的塔派模型底部裡面。
2　把杏仁奶油餡放進裝有圓形花嘴的擠花袋裡面，擠在1的塔皮上面直到平滿程度，用160℃的熱對流烤箱烤15分鐘，放涼。
3　把莓果慕斯倒進直徑4cm的球形矽膠模型裡面，約8分滿，把脫模的佛手柑果凍塞進慕斯裡面，冷凍。
4　把3的慕斯脫模，放在鐵網上，淋上鏡面果膠。
5　把4放在2的杏仁奶油餡上面，把切片的草莓貼附在側面。最上方裝飾食用花。

夏日抒情奶油蛋糕

栗田健志郎

夏天的草莓奶油蛋糕採用「更能夠直接感受到強烈酸味的夏季草莓」。

通常都是使用慕斯林奶油醬，不過這裡則是以牛乳為主體，使用搭配馬斯卡彭起司的奶油醬。

透過乳香風味烘托出草莓奶油蛋糕的濃郁，並在取得酸味協調的同時，展現出輕盈口感。

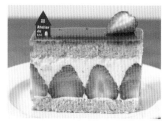

〔主要構成要素〕
（下起）杏仁傑諾瓦士海綿蛋糕、馬達加斯加香草奶油醬、草莓（夏日抒情）、杏仁傑諾瓦士海綿蛋糕、莓果果粒果醬、草莓（夏日抒情）

杏仁傑諾瓦士海綿蛋糕

材料（60cm×40cm的烤盤1片）
A ┌ 全蛋（從冰箱內取出的冰冷狀態）…… 550g
　└ 精白砂糖 …… 198g
中筋麵粉 …… 225g
自製杏仁糖粉* …… 400g
發酵奶油 …… 110g
◆自製杏仁糖粉＝以杏仁帶皮1顆和精白砂糖1的比例混合，放進食物調理機攪碎。
＊發酵奶油融化後，放進鋼盆，調溫至50℃備用。

製作方法
1 把A放進攪拌盆混拌，用高速的攪拌機攪拌11分鐘左右，充分打發。
2 把1的攪拌盆從攪拌機上拿下來，分次加入杏仁糖粉，一邊用手混拌。接著，加入中筋麵粉，持續攪拌直到粉末感消失。
3 把一部分的2放進裝有融解奶油的鋼盆裡面，用打蛋器攪拌均勻。接著倒回2裡面一邊混拌，確實攪拌直到混拌均勻。
4 把3倒進舖有烘焙紙（Papier Cuisson）的烤盤裡面，用抹刀抹平。
5 用185℃的熱對流烤箱烤11分鐘，用快速冷卻機冷卻。

馬達加斯加香草奶油醬

材料（20cm×20cm×高度5cm的方形模1個）
香草豆莢（馬達加斯加產）…… 1支
A ┌ 牛乳 …… 300g
　│ 馬斯卡彭起司 …… 75g
　└ 精白砂糖 …… 140g
明膠片 …… 14g
鮮奶油（45%）…… 600g

製作方法
1 把香草豆莢剝開，刮下種籽，連同豆莢一起放進鍋裡，加入A，開火加熱，持續加熱至81℃。關火，把保鮮膜平貼於表面，靜置5分鐘，讓風味釋放。
2 把明膠放進1裡面，融解後，過濾至鋼盆，用攪拌器攪拌。隔著冰水一邊混拌，使溫度下降至32℃。
3 把鮮奶油放進攪拌盆，用攪拌器攪拌至7分發。
4 把3分成3次倒入2裡面混拌。第1、2次用打蛋器從底部往上撈拌，第3次則用橡膠刮刀輕輕混拌，避免有結塊殘留。

莓果果粒果醬

材料（容易製作的份量）
A ┌ 草莓（冷凍亦可）…… 200g
　│ 覆盆子果泥 …… 200g
　│ 覆盆子整顆或是碎粒
　└ （冷凍亦可）…… 167g
B ┌ 精白砂糖 …… 400g
　│ 海藻糖 …… 68g
　└ HM果膠 …… 5g
※B混合備用。

製作方法
1 把A放進銅鍋加熱，加熱至50℃。
2 用木鏟把B撥進1裡面混拌。全部放入後，改用大火，一邊混拌加熱，沸騰後，改用極小的小火，持續加熱3分鐘左右，關火。
3 用攪拌器攪拌2，倒進保存容器裡面，把保鮮膜平貼在表面，放進冰箱冷藏。

其他

草莓（夏日抒情）

✣ 組合 ✣

1 把杏仁傑諾瓦士海綿蛋糕切成20cm×20cm的尺寸，並削切成1.3cm的厚度。每份使用2片。
2 把1片海綿蛋糕鋪在20cm×20cm×高度5cm的方形模裡面，烤面朝上，倒入3/1份量的馬達加斯加香草奶油醬，用刮板抹平。
3 草莓去掉蒂頭，緊密排列在2馬達加斯加香草奶油醬的上方。
4 從剩餘的馬達加斯加香草奶油醬裡面取100g備用，放進裝有1cm圓形花嘴的擠花袋裡面，將其擠在3的草莓之間，將縫隙填滿，再用抹刀抹平。
5 把1的海綿蛋糕放在4的上方，烤面朝下，稍微輕壓，讓海綿蛋糕和奶油醬緊密貼合，把先前預留的100g馬達加斯加香草奶油醬塗抹在最上方。放進冰箱冷藏凝固數小時至一個晚上。
6 把適量的莓果果粒果醬塗抹在5的上方，拿掉方形模，切成9.5cm×3cm的大小。放上切好的草莓。

安曇野產的夏日抒情。果肉紮實且水嫩，帶有清爽的酸味。

黃豆粉奶油蛋糕

昆布智成

昆布先生表示，「堅果和豆類是十分相似的素材。另外，只要把黃豆粉的香氣，
混進法國奶油餡裡面，就能產生堅果糖般的感覺」。在草莓與開心果的經典組合裡面混進黃豆粉，
在營造出味道層次的同時，再以日式的精緻風味展現出全新奶油蛋糕的樣貌。

〔主要構成要素〕
（下起）開心果彼士裘伊海
綿蛋糕、黃豆粉法式奶油
餡、草莓、開心果彼士裘伊
海綿蛋糕、瑞士蛋白霜、開
心果粉、草莓

開心果彼士裘伊海綿蛋糕

材料（60cm×40cm的烤盤1片）

A ┌ 杏仁糊 …… 160g
　└ 開心果糊 …… 65g
B ┌ 全蛋 …… 80g
　└ 蛋黃 …… 90g
C ┌ 蛋白 …… 200g
　└ 精白砂糖 …… 160g
D ┌ 玉米澱粉 …… 40g
　└ 低筋麵粉 …… 40g
奶油 …… 30g

＊B混合備用。
＊D混合後，過篩備用。
＊奶油融化備用。

製作方法

1　把A放進攪拌盆，用攪拌機的拌打器攪拌，混合後，慢慢加入B，持續攪拌至呈現泛白。
2　把C放進另一個攪拌盆，用攪拌機打發，製作出勾角挺立的蛋白霜。
3　把一半份量的2倒進1裡面，用橡膠刮刀確實混拌。加入D之後，輕輕混拌，再把剩餘的2倒入，輕輕混拌。
4　加入奶油撈拌，倒進舖有烘焙紙的烤盤，用220℃的烤箱烤18分鐘。

酒糖液

材料（約1塊蛋糕的用量）
波美30°糖漿 …… 50g
櫻桃酒 …… 50g

製作方法
把所有材料混在一起。

黃豆粉法式奶油餡

材料（約1塊蛋糕的用量）
牛乳 …… 180g
A ┌ 蛋黃 …… 140g
　└ 精白砂糖 …… 170g
奶油 …… 900g
蛋白 …… 100g
B ┌ 精白砂糖 …… 200g
　└ 水 …… 66g
黃豆粉 …… 適量

製作方法

1　把牛乳倒進鍋裡煮沸。
2　把A倒進鍋盆，用打蛋器摩擦攪拌，加入1混拌，倒回鍋裡加熱，一邊攪拌烹煮至濃稠狀。
3　讓2冷卻至40℃，倒進攪拌盆，加入奶油，用攪拌機持續打發直到呈現泛白。
4　把蛋白倒進另一個攪拌盆，用攪拌器打發。
5　把B倒進鍋裡加熱，製作成118℃的糖漿。慢慢把糖漿倒進4裡面，一邊打發，製作成義式蛋白霜。
6　把5倒進3裡面，攪拌均勻。

7

加入黃豆粉，持續攪拌直到均勻為止。

瑞士蛋白霜

材料（容易製作的份量）
蛋白 …… 100g
精白砂糖 …… 200g

製作方法

1

把所有材料倒進攪拌盆，隔水加熱，用手打發，直到溫度上升至50℃。

2

把1的攪拌盆放到攪拌機上，進一步確實打發，製作成瑞士蛋白霜。

其他

開心果粉、草莓、香雪球的花

✣ 組合 ✣

1 把開心果彼士裘伊海綿蛋糕切成2片18cm×18cm的方形。

2

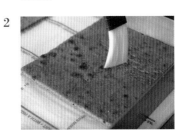

用毛刷把酒糖液拍打在1其中1片海綿蛋糕的烤面。

3

把2的海綿蛋糕的邊角靠在方形模內側的角落，倒上適量的黃豆粉法式奶油餡，再用抹刀進一步抹平。

4

把去除蒂頭的草莓緊密排放在3的上面。

5

把黃豆粉法式奶油餡放進裝有圓形花嘴的擠花袋裡面，擠在草莓的縫隙和上方。

6

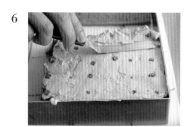

用抹刀抹平。

7

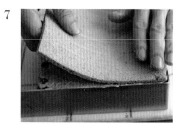

把1剩下的海綿蛋糕放在6的上面，烤面朝下，輕
輕按壓，讓材料緊密貼合。

8

用毛刷把酒糖液拍打在上方。

9

把瑞士蛋白霜倒在8的海綿蛋糕上面，用抹刀抹
平。

10

用濾茶器過篩開心果粉。

11

把四邊切掉，讓剖面可以清楚看見草莓。

12

放上草莓，裝飾上香雪球的花。

春天草莓

金井史章

以草莓為主角，搭配香味成分與鹽漬櫻葉相同的零陵香豆，藉此表現出春天氛圍。
另外，零陵香豆特有的舒爽香氣，讓草莓的溫和香甜滋味更顯豐富，
同時，再利用混進慕斯和香緹鮮奶油裡面的少量覆盆子的酸味，讓草莓的甜味更加鮮明。

〔主要構成要素〕
（下起）杏仁彼士裘伊海綿蛋糕、法式薄脆餅、草莓慕斯、覆盆子香緹鮮奶油、草莓
（內餡）草莓果凍、零陵香豆奶油布蕾
（慕斯外圍）淋醬

零陵香豆奶油烤布蕾

材料（約70個）

A
- 20%加糖蛋黃 …… 250g
- 精白砂糖 …… 150g

B
- 牛乳 …… 340g
- 鮮奶油（35%）…… 800g
- 複合奶油 …… 200g
- 零陵香豆 …… 0.6g

明膠片 …… 12g

材料

1　把A放進鋼盆，用打蛋器摩擦攪拌。
2　把B放進鍋裡，加熱至45℃，加入明膠，攪拌溶解。
3　把2攪拌倒入1裡面。
4　倒進直徑4cm的球形矽膠模裡面，約5分滿左右，用95℃的熱對流烤箱烤30分鐘，冷卻後，直接連同模型一起冷凍。

草莓果凍

材料（約60個）

A
- 草莓 …… 1000g
- 精白砂糖 …… 140g

B
- 精白砂糖 …… 20g
- LM果膠 …… 20g

佛手柑果泥 …… 30g

※B混合備用。

製作方法

1　把A放進鍋裡，加熱至40℃。
2　把B攪拌倒入，沸騰後烹煮1分鐘左右，關火，加入佛手柑果泥混拌，冷卻。

草莓慕斯

材料（約20個）

A
- 草莓果泥 …… 420g
- 覆盆子果泥 …… 35g
- 精白砂糖 …… 55g

B
- 明膠片 …… 20g
- 櫻桃酒 …… 5g

鮮奶油（35%）…… 570g

製作方法

1　把A放進鍋裡，加熱至常溫程度，精白砂糖溶解後，倒進鋼盆。

2

把B倒進耐熱盆，用微波爐加熱，讓明膠溶解，倒進1裡面，用打蛋器混拌。

3

把鮮奶油打至6分發（質地變得豐厚，但勾角沒有挺立的狀態）。

4

把3的一部分倒進2裡面，用打蛋混拌。

法式薄脆餅

材料（60cm×40cm的烤盤一片）
草莓巧克力 …… 300g
奶油 …… 60g
杏仁糊（MARULLO）…… 150g
法式薄脆餅 …… 240g

製作方法

1　將法式薄脆餅除外的材料混在一起，用微波爐等道具加熱融解。
2　把法式薄脆餅放進1裡面，用橡膠刮刀充分拌勻。

杏仁彼士裘伊海綿蛋糕

材料（60cm×40cm的烤盤1片）

A
全蛋 …… 100g
20%加糖蛋黃 …… 35g
糖粉 …… 100g
杏仁粉 …… 100g

蛋白 …… 200g
精白砂糖 …… 120g
低筋麵粉 …… 70g
※低筋麵粉過篩備用。

製作方法

1　把A放進攪拌盆，用攪拌機攪拌至白色、豐厚的程度。
2　把蛋白放進另一個攪拌盆，用攪拌機把整體打發，加入精白砂糖後，再進一步打發，製作出柔滑的蛋白霜。
3　把2的一半份量倒進1裡面，用橡膠刮刀混拌，加入低筋麵粉，輕輕混拌，把剩餘的2倒入混拌。
4　把3倒進鋪有烘焙紙的烤盤，用250℃的烤箱烤6分鐘，放涼。

5

把4倒回3的攪拌盆，用打蛋器撈拌。

6

最後，改用橡膠刮刀仔細撈拌均勻。

覆盆子香緹鮮奶油

材料（容易製作的份量）
覆盆子果粒果醬◆ ⋯⋯ 200g
鮮奶油（42%）⋯⋯ 800g
糖粉 ⋯⋯ 56g

◆覆盆子果粒果醬⋯把覆盆子果泥250g、檸檬汁12g混在一起，加熱至40℃，加入充分混拌的精白砂糖100g和果膠（LMSN325）4g，一邊攪拌煮沸，沸騰後烹煮1分鐘左右，放涼。

製作方法
把所有材料放進鋼盆，用打蛋器攪拌，打發至容易擠花的硬度。

淋醬

材料（容易製作的份量）
鏡面果膠（SUBLIMO NEUTRE）⋯⋯ 500g
紅醋栗汁◆ ⋯⋯ 60g

◆紅醋栗汁⋯將冷凍的紅醋栗果泥解凍，放進過濾器裡面靜置一晚，取滴落的液體使用。

製作方法
將所有材料混合。

其他

覆盆子果粒果醬（參考覆盆子香緹鮮奶油）、糖粉、乾燥草莓粉、草莓、鏡面果膠、櫻花花瓣形狀的巧克力

✦ 組合 ✦

1

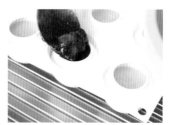

取出裝有冷凍烤布蕾的模型，加入草莓果凍至平滿，冷凍。

2

把草莓慕斯擠進直徑8cm的球形矽膠模型裡面，約8分滿，把脫模的1往下壓，直到高度低於平滿。

3

把草莓慕斯擠在2的上方，用抹刀抹平，冷凍。

4　把法式薄脆餅舖在杏仁彼士裘伊海綿蛋糕上面，用抹刀抹平，放進冰箱冷卻凝固。用直徑4.5cm的圓形圈模壓切成圓形。

5　把少量的覆盆子果粒果醬塗抹在4的法式薄脆餅的表面，把它當成底座，將脫模完成的3放在上方，平整面朝下。

6

把5放在鐵網上,大約淋上3圈淋醬。

7

用手指將正中央的淋醬抹開。

8

在頂端插入竹籤,將其移放到蛋糕托盤。

9

把覆盆子香緹鮮奶油放進裝有16齒花嘴的擠花袋
裡面,然後將其擠在8的上方。

10

撒上糖粉和乾燥草莓粉。

11

插上切片的草莓,再把鏡面果膠抹在草莓上面。

12

裝飾上櫻花花瓣形狀的巧克力。

風味草莓

渡邊世紀

使用當地栃木縣產的栃乙女，主打草莓的香氣。
作為主體的慕斯，和表面的果凍泡沫破裂之後，
頓時讓口腔內充滿草莓香氣，先用低溫導出果汁，再快速烹煮的糖漬草莓，展現出果實感。
藉由大黃根的酸味和隱約的玫瑰香氣製造出變化。

〔主要構成要素〕
（下起）杏仁彼士裘伊海綿蛋糕、栃乙女慕斯
（內餡）大黃根果粒果醬、糖漬栃乙女果凍
（慕斯外圍）栃乙女泡沫果凍

大黃根果粒果醬

材料（容易製作的份量）
大黃根 …… 500g
A ┌ 精白砂糖 …… 250g
　└ 水 …… 62g
檸檬汁 …… 10g
＊大黃根切成1cm寬左右。

製作方法
1　把A放進鍋裡，加熱至117℃。
2　加入大黃根，熬煮至白利糖度50％，加入檸檬汁，放涼。

糖漬栃乙女果凍

材料（直徑4cm高度2cm的矽膠模型48個）

A
草莓（栃乙女）…… 933g
精白砂糖 …… 231g

B
NH果膠 …… 10g
精白砂糖 …… 19g

明膠片 …… 13g
大馬士革玫瑰水 …… 8g

＊B混合備用。

製作方法

1　把A放進鍋裡，蓋上保鮮膜，用85℃的蒸氣熱對流烤箱加熱1小時。
2　把1倒進鍋裡加熱，鍋緣開始咕嘟咕嘟冒泡後，加入B混拌，沸騰後改用小火，持續混拌1分鐘半。關火，加入明膠，攪拌溶解。隔著冰水冷卻。
3　把大馬士革玫瑰水倒進2裡面，均等倒進模型裡面（液面比平滿略低3mm左右），冷凍。

栃乙女慕斯

材料（48個）

草莓（栃乙女）…… 855g
檸檬汁 …… 52g

A
覆盆子利口酒 …… 42g
明膠片 …… 27g

蛋白 …… 180g

B
精白砂糖 …… 360g
水 …… 90g

鮮奶油（35%）…… 855g

製作方法

1　用攪拌機把草莓打成果泥，放進鋼盆，加入檸檬汁。
2　把A放進鋼盆，隔水加熱，放入明膠溶解，倒進1裡面混拌。
3　鮮奶油打成7分發。
4　把B放進鍋裡混合，加熱至117℃。
5　把蛋白放進攪拌盆打發，一邊倒入4，進一步打發製作成義式蛋白霜，直接在該狀態下攪動攪拌機，冷卻。
6　把5倒進3裡面，用橡膠刮刀輕輕混拌，分3次倒進2裡面撈拌。

杏仁彼士裘伊海綿蛋糕

材料（60cm×40cm的烤盤1片）

全蛋 …… 225g

A
杏仁粉 …… 170g
糖粉 …… 170g

蛋白 …… 160g
精白砂糖 …… 45g
低筋麵粉 …… 90g
奶油 …… 50g

＊A混合備用。
＊低筋麵粉過篩備用。
＊奶油融化備用。

製作方法

1　把全蛋放進攪拌盆，加入A，用打蛋器混拌。隔水加熱至40℃左右，用攪拌機打發。
2　把蛋白放進另一個攪拌盆，分3次加入精白砂糖，一邊打發成7分發。
3　把1倒進2裡面，用橡膠刮刀混拌，進一步加入低筋麵粉攪拌。加入奶油，快速混拌。
4　倒進舖有矽膠墊的烤盤裡面，用抹刀抹平，用上火175℃、下火160℃的烤箱烤10分鐘，放涼。用直徑4.5cm的圓形圈模壓切成圓形。

酒糖液

材料（容易製作的份量）

樹膠糖漿◆ …… 200g
草莓果泥（栃乙女）…… 133g
水 …… 133g

◆樹膠糖漿…把精白砂糖550g、水500g混在一起，煮沸後，使精白砂糖溶解，冷卻。

製作方法

將所有材料放進鋼盆內攪拌。

栃乙女泡沫果凍

材料（容易製作的份量）

A
草莓果泥（栃乙女）…… 318g
水 …… 318g
精白砂糖 …… 130g

明膠片 …… 15g

製作方法

1　把A放進鍋裡混合，加熱至50℃，加入明膠片，攪拌溶解。
2　1的鍋子隔著冰水打發，製作出泡沫果凍。

其他

玫瑰花瓣（乾燥）

✦ 組合 ✦

1　取出冷凍糖漬栃乙女果凍的矽膠模型，分別裝入10g的大黃根果粒果醬，將表面抹平，冷凍。
2　把栃乙女慕斯擠進直徑6cm的球形矽膠模型裡面，份量約比模型一半再多一點，把脫模的1塞進中央，進一步擠上慕斯至平滿。
3　把酒糖液抹在杏仁彼士裘伊海綿蛋糕上面，將其覆蓋在2的上方，冷凍。
4　將3脫模，放在鐵網上，淋上栃乙女泡沫果凍，覆蓋整體後，裝飾上玫瑰花瓣。

非烘焙起司蛋糕

山內敦生

用硬度足以維持形狀的起司麵糊，
把生草莓和少量砂糖快速加熱濃縮製成的軟嫩果凍包起來。
入口即化的同時，充分享受果實的酸味和起司的濃郁。
底部是增添口感變化的法式甜塔皮，以及吸滿果凍水分的傑諾瓦士海綿蛋糕。

〔主要構成要素〕
（下起）法式甜塔皮、傑諾
瓦士海綿蛋糕、起司糊
（內餡）果粒果醬

果粒果醬

材料（36cm×28cm的方形模1個）
草莓 …… 1280g
精白砂糖 …… 160g
海藻糖 …… 40g
明膠粒（明膠21）…… 17.5g

製作方法
1 把草莓切成碎粒，放進鋼盆，加入精白砂糖。
2 加熱1，沸騰後，加入海藻糖和明膠粒攪拌融解。
3 把2倒進36cm×28cm的方形模，冷凍，拿掉方形模，在冷凍狀態下，將其切成4cm×3cm的塊狀。

起司糊

材料（容易製作的份量）
A ┌ 奶油起司（Philadelphia）…… 2000g
　├ 白乳酪（中澤乳業）…… 1000g
　└ 精白砂糖 …… 200g
B ┌ 20%加糖蛋黃 …… 233g
　└ 精白砂糖 …… 200g
牛乳 …… 666g
明膠粒（明膠21）…… 47g
鮮奶油（35%）…… 2000g

製作方法
1 把牛乳倒進鍋裡煮沸。把B倒進鋼盆，用打蛋器摩擦攪拌，加入煮沸的牛乳攪拌，倒回鍋裡，持續烹煮至濃稠狀。加入明膠融解。
2 把A放進食物調理機攪拌均勻，把剛煮好的1倒入，進一步攪拌均勻，倒至鋼盆。
3 把鮮奶油打成6分發，倒進2裡面，用橡膠刮刀攪拌。

傑諾瓦士海綿蛋糕

材料（60cm×40cm的烤盤1片）
A ┌ 全蛋 …… 282g
　├ 精白砂糖 …… 152g
　└ 轉化糖 …… 8g
奶油 …… 24g
牛乳 …… 24g
低筋麵粉 …… 160g
＊低筋麵粉過篩備用。
＊奶油融化備用。

製作方法
1 把A放進攪拌盆，用攪拌機確實打發。
2 把攪拌盆從攪拌機上拿下來，加入低筋麵粉，用橡膠刮刀輕輕攪拌。
3 加入奶油、牛乳，快速撈拌，倒進鋪有矽膠墊的烤盤，用160℃的烤箱烤7～8分鐘，放涼。用6.5cm×5cm的橢圓形圈模壓切成橢圓形。

法式甜塔皮

材料（容易製作的份量）
奶油 …… 360g
糖粉 …… 316g
全蛋 …… 121g
鹽巴 …… 1.8g
低筋麵粉 …… 712g
＊奶油恢復至髮蠟狀備用。

製作方法
1 把奶油、糖粉、鹽巴放進鋼盆，用打蛋器摩擦攪拌至泛白程度。
2 把全蛋慢慢加進1裡面，一邊摩擦攪拌，讓材料乳化。
3 加入低筋麵粉，用橡膠刮刀輕輕攪拌，成團後，用保鮮膜包起來，放進冰箱靜置1小時備用。
4 把3的厚度擀壓成3mm，再用6.5cm×5cm的橢圓形圈模壓切成橢圓形。
5 用150℃的烤箱烤12～13分鐘，放涼。

其他

發泡鮮奶油（乳脂肪含量35%、精白砂糖6%）、草莓（夢香等）、百里香

⬦ 組合 ⬦

1 把起司糊放進多連矽膠模1270（橢圓），塞入果粒果醬，放上傑諾瓦士海綿蛋糕，冷凍。
2 把1脫模，放在法式甜塔皮上面。
3 把發泡鮮奶油覆蓋在起司糊外層，製作出不規則的勾角狀。
4 放上切片的草莓，裝飾上百里香。

白乳酪香橙&草莓

遠藤淳史

利用草莓本身的奢華風味誘出香橙香氣。
放進嘴裡時，先是隨著口感輕盈的慕斯和濃郁的巴伐利亞奶油一起擴散的香橙香氣，
接著出現的是草莓的味道，最後，則是隨著法式甜塔皮的咀嚼，殘留在齒頰間的糖漬香橙餘韻。
慕斯、巴伐利亞奶油、奶油霜分別製作得厚一點，
藉此讓草莓的風味更加鮮明，享受香橙和草莓的協調搭配。

〔主要構成要素〕
（下起）法式甜塔皮、草莓奶油
霜、糖漬香橙、杏仁彼士裘伊海綿
蛋糕、草莓稀醬、白乳酪巴伐利亞
奶油、香橙輕慕斯

法式甜塔皮

材料（容易製作的份量）

奶油 …… 450g
糖粉 …… 290g
雞蛋 …… 145g
香草油 …… 10滴

A ┌ 杏仁粉 …… 100g
　├ 低筋麵粉 …… 562g
　└ 中筋麵粉 …… 185g

＊奶油恢復至室溫備用。
＊A混合過篩備用。

製作方法

1 把奶油放進攪拌盆，用攪拌機的拌打器攪拌，充分打入空氣。
2 把糖粉倒進 1 裡面，攪拌均勻。
3 在全蛋裡面加入香草油混拌，再將其少量逐次倒進 2 裡面攪拌，每次都攪拌到乳化之後，再倒入新的份量。
4 加入 A 攪拌，粗略混拌後取出，用手擀壓成薄片狀，用保鮮膜包起來，放進冰箱靜置一晚。
5 把 4 擀壓成厚度3mm、尺寸比38cm×58cm略大的薄片，扎小孔，放在鋪有透氣烤盤墊的烤盤上，用140℃的熱對流烤箱烤25～30分鐘，放涼。

草莓奶油霜

材料（58cm×38cm的方形模1層份量／1個）

冷凍草莓整顆 …… 1050g

A ┌ 精白砂糖 …… 300g
　└ NH果膠 …… 12g

玉米澱粉 …… 30g
奶油（切塊）…… 290g

＊A混拌備用。
＊奶油冷卻備用。

製作方法

1 把草莓解凍，放進鍋裡加熱。溫度達到40℃左右，加入A、玉米澱粉，用打蛋器確實攪拌，之後仍要持續不斷地攪拌，讓溫度慢慢上升。
2 1沸騰後，改用小火，持續烹煮，直到玉米澱粉和果膠熟透，透明度增加為止。
3 讓 2 冷卻至47℃後，倒進攪拌機，加入奶油攪拌乳化。完成時的溫度為32℃左右。
4 把 3 過濾到保存容器裡面，讓保鮮膜緊密平貼於表面，放進冰箱冷藏一晚。

糖漬香橙

材料（58cm×38cm的方形模1層份量／1個）

香橙（削掉表皮。果皮切成8mm丁塊，果肉去除種籽後，切成8mm丁塊）…… 淨重共計700g
水 …… 245g
白酒 …… 245g
精白砂糖 …… 420g

製作方法

1 把所有材料放進鍋裡，用IH爐的小火加熱，讓香橙皮變軟，同時讓糖分和水分慢慢滲透。
2 烹煮至水分減少約1～2成左右，香橙皮呈現透明感後，倒進容器，自然冷卻。

白乳酪巴伐利亞奶油

材料（58cm×38cm的方形模1層份量／1個）

白巧克力 …… 184.5g

A ┌ 優格 …… 307.5g
　├ 香草醬 …… 適量
　└ 鹽巴 …… 1.5g

B ┌ 精白砂糖 …… 61.5g
　└ 20%加糖蛋黃 …… 193.725g

明膠片 …… 10.7625g
馬斯卡彭起司 …… 153.75g
香橙皮（磨成泥）…… 7顆份量
香橙果泥 …… 30g
鮮奶油（35%）…… 707.25g

製作方法

1 把A倒進鍋裡加熱，煮沸。
2 把B倒進鍋盆，用打蛋器摩擦攪拌，倒入 1 混拌，再倒回鍋裡加熱，一邊攪拌，持續烹煮至濃稠程度。加入明膠融解。
3 把白巧克力放進另一個鋼盆，把 2 過濾至鋼盆，用打蛋器攪拌乳化。
4 隔著冰水，一邊攪拌，降低熱度，加入馬斯卡彭起司、香橙皮、香橙果泥攪拌，最後再用攪拌器攪拌均勻。
5 把鮮奶油倒進鋼盆，製作成7～8分發（硬挺的硬度），把 4 分2次倒入，每次都要用橡膠刮刀從底部撈取攪拌。

杏仁彼士裘伊海綿蛋糕

材料（60cm×40cm的烤盤1片）

A ┌ 杏仁粉 …… 93.06g
　├ 蔗糖 …… 92.4g
　└ 全蛋 …… 124.74g

B ┌ 蛋白 …… 74.844g
　└ 精白砂糖 …… 24.948g

麵粉（Lisdor）…… 24.948g
融化奶油 …… 19.404g

＊麵粉過篩備用。

製作方法

1　把A放進攪拌盆隔水加熱，用打蛋器一邊攪拌，加熱至40℃左右。放在攪拌機上面，確實打發。
2　把B放進另一個攪拌盆，用攪拌器打發，製作出硬挺的蛋白霜。
3　把融化奶油倒進1裡面，用攪拌刮刀攪拌，進一步加入2，一邊擠壓，一邊均勻攪拌，讓細膩的氣泡遍佈整體。
4　把麵粉倒進3裡面，持續攪拌直到呈現些許光澤和濃稠度。
5　倒進鋪有透氣烤盤墊的烤盤，將表面抹平，用200℃的熱對流烤箱烤8～10分鐘，放涼。

草莓稀醬

材料（58cm×38cm的方形模1層份量／1個）

```
    ┌ 冷凍草莓整顆 …… 530g
A │ 香橙果肉（生）…… 112g
    └ 香橙果泥（TAKA食品果皮入）…… 105g
B ┌ 精白砂糖 …… 105g
    └ NH果膠 …… 8g
明膠片 …… 11g
草莓果泥 …… 172g
香橙皮（磨成泥）…… 3顆份量
```

＊冷凍草莓整顆解凍備用。
＊B混合備用。

製作方法

1　把A放進鍋裡，加熱至45～50℃，把B倒入，用打蛋器攪拌。直接煮沸，一邊攪拌搗碎果肉，持續烹煮4～5分鐘。
2　撈起，在液體滴落4、5滴就停止的時機點關火。如果煮太久，香氣就會飛散，烹煮方法如果太草率，就會影響到最後的組合，所以要多加注意。
3　加入明膠和草莓泥攪拌，隔著冰水冷卻，溫度降至30℃後，加入香橙皮攪拌。在溫度下降到30℃的時機點，倒進方形模裡面（組合步驟5）。

香橙輕慕斯

材料（58cm×38cm的方形模1層份量／1個）

香橙皮（磨成泥）…… 2顆份量
香橙汁 …… 100g
明膠片 …… 5.5g
蛋白 …… 190g
精白砂糖 …… 300g
水 …… 100g
酒石酸 …… 適量

製作方法

1　把香橙皮和香橙汁倒進鋼盆，隔水加熱至40℃，加入明膠，用打蛋器攪拌融解。

2

把1隔著冰水降溫，持續攪拌直到溫度下降至24～18℃（開始產生稠度）。

3　把水和精白砂糖放進鍋裡，加熱至118℃。
4　把蛋白放進攪拌盆打發，慢慢把3倒入，製作成義式蛋白霜。一邊攪拌，讓溫度冷卻至30℃。

5
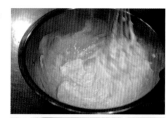
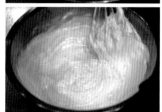

把一部分的4倒進2裡面，攪拌至整體融合。

6

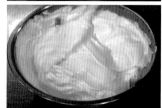

加入剩餘的4，用橡膠刮刀從底部撈取攪拌。

其他

草莓果泥（酒糖液）1個120g

✦ 組合 ✦

1　把法式甜塔皮切成與38cm×58cm方形模相同的
　　大小，鋪在模型底部，上方倒入少量的草莓奶油
　　霜。

2　把1600g的糖漬香橙倒在1的上面，用抹刀抹平。

3　把剩餘的草莓奶油霜倒在2的上面，抹平。

4　把杏仁彼士裘伊海綿蛋糕切成37.5cm×
　　57.5cm，在單面拍打上酒糖液，將該面朝下鋪在
　　3的上面。冷凍。

5　把950g的草莓稀醬倒在4的上面，抹平，冷凍。

6　把1600g的白乳酪巴伐利亞奶油放進裝有圓形花
　　嘴的擠花袋，擠出緊密的直線狀（切的時候，巴
　　伐利亞奶油的上方會呈現波浪紋路）。冷凍。

為避免壓破慕斯的氣泡，用拿菜刀的方式握住抹
刀，從邊緣開始往前切開，藉此消除底部和白乳
酪巴伐利亞奶油之間的縫隙。

10　將抹刀平放，抹平慕斯的表面。

7

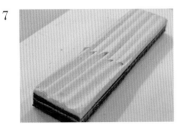

拿掉6的方形模，切成9.2cm寬。

8

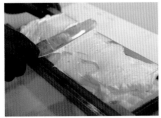

把6cm高的厚度控制尺平貼在7的兩側，將香橙
輕慕斯倒在上方，接著再用抹刀粗略抹平。

9

11

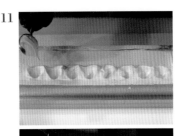

把湯匙的背面貼在慕斯上面，然後往上拉，藉此
製作出勾角外觀，重覆相同的動作，讓上方佈滿
隨機的勾角。

12

沿著厚度控制尺插入抹刀，拿掉厚度控制尺。切
成厚度2.8cm。

草莓百匯

金井史章

宛如百匯般，充滿新鮮口感的慕斯杯。
把草莓製作成糖漬或醃漬，再和酥脆的酥餅碎重疊在一起，享受果實感和新鮮口感、
奶油醬和濃稠烤布蕾之間的協調。再隨附上可以在中途感受口感變化的醬汁。

〔主要構成要素〕
（下起）香草烤布蕾、糖漬草
莓、酥餅碎、醃漬草莓、白乳
酪香緹鮮奶油、草莓、莓果醬
（滴管）

香草烤布蕾

材料（50個）

A
- 20%加糖蛋黃 …… 510g
- 精白砂糖 …… 310g

B
- 牛乳 …… 680g
- 鮮奶油（35%）…… 2000g
- 香草豆莢（大溪地產）…… 1支
- 香草豆莢（馬達加斯加產）…… 1支
- 香草醬 …… 10g

製作方法

1 把A放進鋼盆，用打蛋器摩擦攪拌。
2 把B放進鍋裡，加熱至45℃。
3 把2倒進1裡面攪拌，過濾。
4 把3倒進直徑約6cm×高度約8cm的耐熱玻璃杯，用95℃的熱對流烤箱烤60分鐘。放涼後，放進冰箱冷藏。

糖漬草莓

材料（容易製作的份量）

A
- 草莓 …… 3000g
- 覆盆子 …… 900g
- 精白砂糖 …… 1950g

B
- 檸檬汁 …… 300g
- 佛手柑果皮（磨成泥）…… 3顆份量

明膠片 …… 適量（參考步驟3）

製作方法

1 把A放進鋼盆混合，蓋上保鮮膜，隔水加熱5小時。出現透明的液體。
2 把1的果肉和液體分開。果肉裝進容器內，放進冰箱冷藏。
3 把2的液體放進鍋裡加熱，加入B和液體的1.3%的明膠，溶解。倒進容器，放涼，放進冰箱冷卻凝固（果凍）。

酥餅碎

材料（容易製作的份量）

奶油（骰子狀）…… 200g
糖粉 …… 200g
杏仁粉 …… 200g
TYPE55麵粉 …… 200g
格雷伯爵紅茶茶葉粉末 …… 20g

製作方法

1 把所有材料放進攪拌盆，用攪拌機的拌打器攪拌至鬆散狀態，彙整成團，用保鮮膜包起來，放進冰箱靜置3小時。
2 把1的厚度擀壓成1cm，切成骰子狀，用160℃的烤箱烤15分鐘。

醃漬草莓

材料（容易製作的份量）

草莓 …… 適量
波美30°糖漿 …… 適量
SAUMUR（利口酒）…… 適量

製作方法

1 草莓去除蒂頭，切成8等分。
2 把波美30°糖漿和SAUMUR（糖漿的10%）放進鋼盆，把1放進鋼盆醃漬。

白乳酪香緹鮮奶油

材料（容易製作的份量）

白乳酪 …… 30g
鮮奶油（42%）…… 70g
糖粉 …… 8g

製作方法

1 把所有材料放進鋼盆打發，打發至用湯匙撈取時，依然能夠維持形狀的硬度。

莓果醬

材料（容易製作的份量）

草莓果泥 …… 150g
檸檬果泥 …… 10g
覆盆子果泥 …… 10g
精白砂糖 …… 35g

製作方法

1 把所有材料放進鋼盆，用打蛋器充分攪拌，裝進滴管。

其他

草莓、糖粉

✦ 組合 ✦

1 把糖漬草莓的果肉和果凍鋪在香草烤布蕾上方。
2 把酥餅碎放在1的上面，進一步層疊上醃漬草莓。
3 在2的上面擠上白乳酪香緹鮮奶油，用抹刀抹平。
4 用濾茶器撒上糖粉，裝飾上切好的草莓，插上裝有莓果醬的滴管。

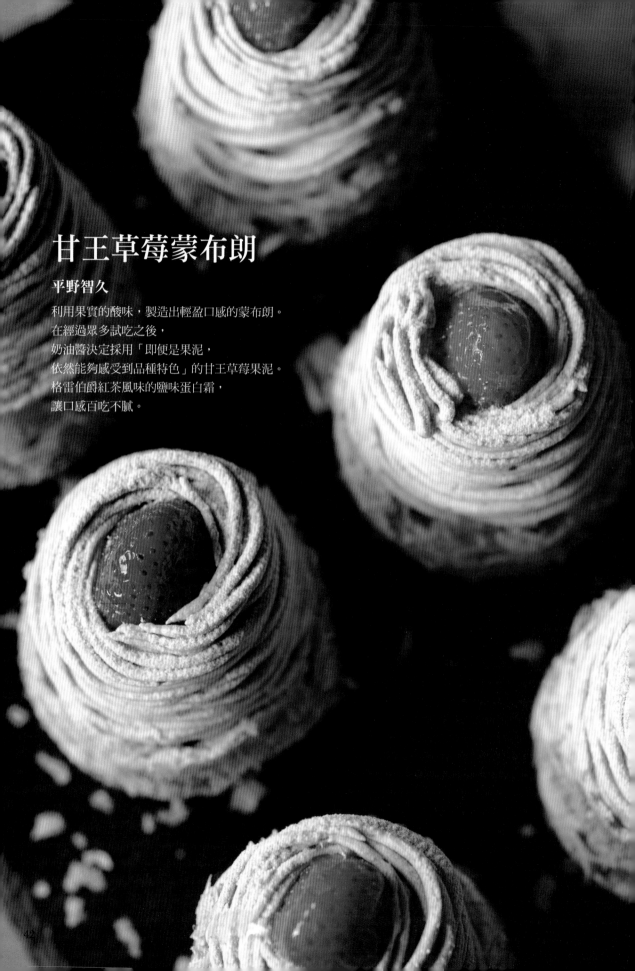

甘王草莓蒙布朗

平野智久

利用果實的酸味，製造出輕盈口感的蒙布朗。
在經過眾多試吃之後，
奶油醬決定採用「即便是果泥，
依然能夠感受到品種特色」的甘王草莓果泥。
格雷伯爵紅茶風味的鹽味蛋白霜，
讓口感百吃不膩。

〔主要構成要素〕
（下起）酥餅糊、杏仁糊、甘王草莓的蒙布朗奶油醬
（蒙布朗奶油醬的內側）伯爵紅茶的鹽味蛋白霜、椰子奶油醬、鮮奶油、草莓（甘王）
（蒙布朗奶油醬的外側）和覆盆子粉混合的糖粉

酥餅糊

材料（容易製作的份量）
＊參考覆盆子塔（p.116）。

杏仁糊

材料（容易製作的份量）
＊參考覆盆子塔（p.116）。

伯爵紅茶的鹽味蛋白霜

材料（40個）

A ｜ 蛋白 …… 100g
　　蔗糖 …… 100g

B ｜ 蔗糖 …… 50g
　　鹽巴 …… 0.5g
　　格雷伯爵紅茶茶葉粉末 …… 2g

製作方法

1　把A放進攪拌盆，一邊隔水加熱，一邊用打蛋器攪拌，切斷蛋筋。
2　1的溫度達到45℃後，用高速的攪拌機打發。
3　打發成8分發後，加入B，進一步打發，製作出硬挺的蛋白霜。
4　把3放進裝有1cm圓形花嘴的擠花袋裡面，在舖有烤盤墊的烤盤，擠出直徑3.5cm厚度1cm左右的圓形。
5　放進預熱至140℃的烤箱，用110℃乾烤2小時30分鐘。
6　趁熱的時候從烤盤墊上取下，放進裝有乾燥劑的保存袋裡面密封保存。

甘王草莓的蒙布朗奶油醬

材料（10個）

A ｜ 草莓果泥（甘王）…… 30g
　　覆盆子果泥 …… 30g
　　草莓萃取液（草莓Toque Blanche）…… 25g
　　草莓利口酒 …… 8g
　　栗子醬 …… 500g

奶油 …… 115g

＊材料全部恢復成常溫。

製作方法

1　把A放進攪拌盆，用攪拌機的拌打器攪拌均勻。
2　加入奶油，攪拌打入空氣。如果有結塊，就會導致擠花的時候堵塞，所以偶爾要用橡膠刮刀把沾黏在側面的材料刮下來，一邊攪拌。
3　打入空氣、呈現泛白後，用保鮮膜包起來，放進冰箱冷卻。

椰子奶油醬

材料（10個）

奶油 …… 15g
低筋麵粉 …… 20g

A ｜ 蔗糖 …… 80g
　　椰奶 …… 200g
　　煉乳 …… 10g
　　檸檬汁 …… 10g
　　鹽巴 …… 1g

製作方法

1　把奶油放進鍋裡，加熱融解，加入低筋麵粉，用木鏟攪拌，讓粉末熟透。
2　加入A，用打蛋器攪拌加熱。
3　整體沸騰後，過濾到鋼盆，讓保鮮膜緊密平貼於表面，讓鋼盆隔著冰水冷卻。用橡膠刮刀攪散使用。

其他

草莓（甘王）、個人偏愛的莓果果醬、鮮奶油（40％、6％加糖）、鏡面果膠、混合覆盆子粉的糖粉

⤍ 組合 ⤌

1　把酥餅糊的厚度擀壓成2mm，扎小孔，用9cm的圓形圈模壓切成型，填進直徑7cm×高度1.5cm的塔派模型裡面。
2　把杏仁糊擠進1至8分滿，放進預熱200℃的烤箱，用175℃烤25分鐘，熱度消度後，脫模。
3　把少量的莓果果醬塗抹在2的杏仁糊上面，擠上少量的椰子奶油醬，再將伯爵紅茶的鹹味蛋白霜放在上方。
4　把少量的鮮奶油擠在3的上面，分別放上1顆切除蒂頭的草莓。
5　再次用攪拌機打發蒙布朗奶油醬（奶油醬比較硬的時候，就用瓦斯槍加熱鋼盆，讓奶油醬稍微變軟），然後放進裝有細小蒙布朗花嘴的擠花袋裡面，從下往上擠出螺旋狀。在稍微能夠看到草莓頭的位置停止。
6　把混合覆盆子粉的糖粉撒在5的蒙布朗奶油醬上面，在草莓上面塗抹鏡面果膠。

草莓香緹鮮奶油蛋白餅

中山洋平

享受草莓甘甜、奢華的香氣與薄荷的契合。
草莓香緹鮮奶油加上極少量的覆盆子果泥，為溫柔的草莓香氣勾勒出輪廓。
裡面含有舒緩莓果尖銳酸味的烤布蕾。
咀嚼之後，混進蛋白霜餅乾裡面的薄荷香氣就會更加鮮明。

〔主要構成要素〕
（下起）薄荷蛋白霜餅乾、
草莓香緹鮮奶油、香草烤布
蕾、薄荷蛋白霜餅乾、草
莓、紅醋栗
（蛋白霜餅乾的周圍）披覆
用巧克力

薄荷蛋白霜餅乾

材料（容易製作的份量）

A ┌ 蛋白 …… 100g
　└ 糖粉 …… 100g
精白砂糖 …… 80g
薄荷葉 …… 8g

製作方法

1 把A放進攪拌盆，用攪拌器打發，製作出硬挺的蛋白霜。
2 把薄荷葉切成細碎，和精白砂糖混合，倒進1裡面，用橡膠刮刀輕輕混拌。
3 把2放進裝有星形花嘴的擠花袋裡面，在鋪有矽膠墊的烤盤上面擠出6～7個緊密排列的擠花，使整體呈現寬度1.5cm左右的貝殼形狀（上方凹凸不平的平板狀）。剩餘部分也以相同的方式擠花。
4 用110℃的熱對流烤箱半乾燥烤2小時，放冷。

披覆用巧克力

材料（容易製作的份量）

A ┌ 可可粉 …… 100g
　└ 草莓巧克力 …… 110g

製作方法

把A放進鋼盆，以隔水加熱的方式融解，進行調溫＊。
＊調溫…將巧克力和可可粉加熱，完全融解後，讓溫度下降至25～26℃後，使溫度維持在26～28℃之間。

香草烤布蕾

材料（多連矽膠模Pomponette模型96個）

A ┌ 鮮奶油（35%）…… 400g
　└ 香草豆莢 …… 1支
25%加糖蛋黃 …… 125g
精白砂糖 …… 35g
B ┌ 明膠粉（200 BLOOM）…… 4g
　└ 水 …… 24g
＊B混合，將明膠泡軟，加熱融解後備用。

製作方法

1 把A和精白砂糖的一半份量放進鍋裡煮沸。
2 把加糖蛋黃和剩餘的精白砂糖放進鋼盆，用打蛋器摩擦攪拌。
3 把1的一半份量倒進2裡面充分攪拌，再倒回1的鍋子裡面混合。一邊加熱攪拌，確實使整體熟透。
4 把B倒進3裡面混拌，過濾到鋼盆。隔著冰水冷卻降溫，一邊用攪拌器攪拌至柔滑狀態。
5 倒進模型至平滿狀態，冷凍。

草莓香緹鮮奶油

材料（容易製作的份量）

A ┌ 鮮奶油（42%）…… 455g
　└ 精白砂糖 …… 45g
B ┌ 草莓果泥 …… 270g
　└ 覆盆子果泥 …… 15g

製作方法

1 把A放進鋼盆，確實打發。
2 把B倒進1裡面，一邊攪拌，確實打發。

其他

草莓、紅醋栗、鏡面果膠

✦ 組合 ✦

1 把薄荷蛋白霜餅乾放進披覆用巧克力裡面浸泡，瀝掉多餘部分，排放在矽膠墊上面，等待披覆用巧克力凝固。把一半份量作為底用，剩餘部分作為蓋用。
2 把草莓香緹鮮奶油放進裝有星形花嘴的擠花袋，在1底用的薄荷蛋白霜餅乾上面擠出貝殼形狀。將香草烤布蕾放在上面，接著在上方繼續擠出多個貝殼形的擠花，像是把烤布蕾覆蓋起來那樣。
3 放上1蓋用的薄荷蛋白霜餅乾。裝飾上切片並抹上鏡面果膠的草莓、紅醋栗。

Strawberry × Sponge cake

草莓×海綿蛋糕的經典甜點

奶油蛋糕（食譜p.50）

金井史章

草莓採用果肉偏硬且酸味鮮明的類型，不切，直接使用整顆，夾在其間凸顯出素材感。
推測傑諾瓦士海綿蛋糕應該會連同草莓一起咀嚼，然後在顯現出存在感的同時，被一起吞嚥。
因此，為兼顧濃郁與入口即化的口感，使用中華麵用的麵粉，並在攪拌時釋放出較強烈的麩質。
另外，再輕抹上添加了櫻桃酒的糖漿，增添刺激，同時再夾上一層薄薄的甜點奶油醬，
襯托出草莓的濃郁酸甜滋味與海綿蛋糕的風味。

瑞士卷 _{（食譜p.53）}

金井史章

主角是口感鬆軟，宛如舒芙蕾般的蛋糕體。
草莓配合蛋糕體的口感，使用果皮軟嫩且多汁的類型。
奶油醬以入口即化的發泡鮮奶油為主體，
關鍵的奶油醬是由甜點奶油醬和鮮奶油混合製成，
口感溫和，企圖與蛋糕體、草莓融為一體。

煎蛋捲 （食譜p.55）

金井史章

蛋糕體是柔軟、鬆脆的彼士裘伊海綿蛋糕，因為使用的是液態油，
所以就算在冷藏條件下，依然可以維持鬆軟。
表面看似十分貼近日常的尋常甜點，事實上卻十分與眾不同。
利用櫻桃酒提高香氣的輕奶油醬、增添味覺變化的果粒果醬，
再加上價值稀有的白草莓，進而晉升成蛋糕櫃中的高級甜點之一。

＞奶油蛋糕

〔主要構成要素〕
（下起）傑諾瓦士海綿蛋糕、甜點奶油醬、傑諾瓦士海綿蛋糕、香緹鮮奶油、草莓、傑諾瓦士海綿蛋糕、香緹鮮奶油、草莓、乾燥玫瑰花瓣

傑諾瓦士海綿蛋糕

材料（直徑15cm的圓形模28個）

A
全蛋 …… 2000g
精白砂糖 …… 1200g
蛋白粉 …… 40g
寡糖液（OMT）…… 180g

B
菓子用麵粉（Raffine Ruban）…… 850g
中華麵用麵粉（芳蘭）…… 150g

C
奶油 …… 200g
沙拉油 …… 200g

＊B混合過篩備用。
＊C放進耐熱盆，用微波爐加熱，使奶油呈現融解溫熱的狀態。

製作方法

1

把A放進鋼盆混拌，用隔水加熱等方式加熱至40℃後，用高速的攪拌機打發。

2

打發至8～9成後，稍微降低速度，一邊調整質地，持續打發直到產生光澤，同時呈緞帶狀滴落。

3

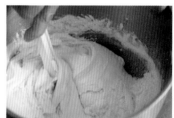

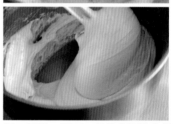

把B倒進2裡面，趁粉末還沒有結塊的時候，盡快用橡膠刮刀攪拌。確實攪拌，讓麵糊產生些許麩質。產生光澤後，差不多以最初的一半份量的體積為標準（照片下）。

4

把一部分的3倒進裝有C的鋼盆裡面，用打蛋器攪拌均勻。

5

把4倒回3的鋼盆，用橡膠刮刀快速撈拌。

6 把110g的5倒進舖有烘焙紙的圓形模（直徑15cm）裡面，高舉摔落在作業台上2、3次，藉此排出較大的氣泡。用上火195℃、下火165℃的平窯烤10分鐘。

7

出爐後，脫模，放涼。呈現上方沒有下凹，而是稍微往內縮的狀態。

酒糖液

材料（容易製作的份量）
櫻桃酒 …… 20g
水 …… 100g
波美30°糖漿 …… 100g

製作方法
把所有材料混在一起。

甜點奶油醬

材料（容易製作的份量）

A
牛乳 …… 900g
混合奶油 …… 100g
香草豆莢（大溪地產）…… 1支
香草豆莢（馬達加斯加產）…… 2支

B
蛋黃 …… 300g
精白砂糖 …… 200g

C
菓子用麵粉（Raffine Ruban）…… 45g
卡士達粉 …… 45g

製作方法
1 把A放進鍋裡煮沸。
2 把B放進鋼盆，用打蛋器摩擦攪拌，把C倒入，再進一步攪拌。
3 把1逐次少量過篩到2裡面，混拌均勻。
4 把3過濾到鍋子裡面，一邊攪拌烹煮，直到麵粉失去筋性。
5 倒進調理盤攤平，蓋上保鮮膜，放進冰箱冷卻。

香緹鮮奶油

材料（容易製作的份量）
鮮奶油（42%）…… 800g
植物性奶油 …… 200g
糖粉 …… 70g

製作方法
把所有材料放進鋼盆，用打蛋器打發。硬度差不多是撈起滴落的鮮奶油只留下些許痕跡的程度。

其他

草莓（栃乙女、幸香、甘乙女、彌生姬等）、鏡面果膠（混入櫻桃酒）、乾燥玫瑰花瓣

❖ 組合 ❖

1　傑諾瓦士海綿蛋糕分別切成（下起）1.3cm、1.3cm、1cm的厚度，分別拍打上少量的酒糖液。

2

把少量的甜點奶油醬放在1最下方的海綿蛋糕上面，用抹刀薄塗均勻後，疊上第2片蛋糕體。

3

把一部分的香緹鮮奶油打成9分發。

4　把2放在旋轉台上面，接著放上大量的3，上方用抹刀抹平，海綿蛋糕的側面則進行薄塗。

5

把切除蒂頭的草莓鋪在4的上面。

6

用抹刀把3粗略塗抹在整個側面。

7

進一步把3放在6的上面，用抹刀抹平，覆蓋草莓。

8

把最後一片海綿蛋糕重疊在上面，將少量的3薄塗在最上方。

9

再次打發3鋼盆裡面的鮮奶油，讓硬度呈現滴落後可維持形狀的程度，對8的上面和側面進行抹面。

10

把3打發成容易擠花的硬度，放進裝有星形花嘴的擠花袋裡面，在9的上面擠出左右非對稱、個人偏愛的形狀。

11　把糖粉撒在上面，放上浸泡過鏡面果膠的草莓，裝飾上乾燥玫瑰花瓣。

＞瑞士卷

〔主要構成要素〕
（外側起）舒芙蕾蛋糕、香緹鮮
奶油、輕奶油醬、草莓
（上）草莓、香緹鮮奶油

舒芙蕾蛋糕

材料（60cm×40cm的烤盤2片）

A ┌ 蛋黃 …… 332.5g
　 └ 精白砂糖 …… 82.5g
蜂蜜 …… 32g
B ┌ 蛋白 …… 640g
　 └ 蛋白粉 …… 13g
精白砂糖 …… 255g
中華麵用麵粉（芳蘭）…… 255g
C ┌ 混合奶油 …… 160g
　 │ 寡糖液（OMT）…… 16g
　 │ 香草醬 …… 4g
　 └ 液態油（Olein Rich）…… 175g

＊把精白砂糖255g的一部分倒進蛋白粉裡面混拌備用。
＊麵粉過篩備用。
＊C混合備用。

製作方法

1

把A放進攪拌盆，用攪拌機打發，整體攪拌均勻
後，加入蜂蜜，持續打發至濃稠、泛白的狀態。

2

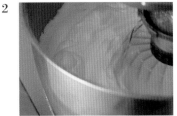

把B放進另一個攪拌盆，用攪拌機打發，整體打
發後，加入精白砂糖，進一步打發，製作出輕盈
且紮實的蛋白霜。

3

把2的一半份量倒進1裡面，用橡膠刮刀撈拌。

4

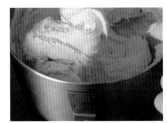

在2完全混合之前加入麵粉，持續撈拌至粉末感消
失為止。

5

把C倒入，撈拌均勻。

6

加入剩餘的2，快速撈拌。

7

倒進鋪有烤盤紙的烤盤，用抹刀抹平，隔水加熱，用上火220℃、下火180℃的烤箱烤10分鐘，放涼。

8

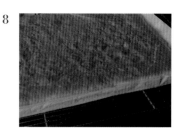

出爐。

香緹鮮奶油

材料（約1條的份量）
鮮奶油（42%）…… 400g
混合奶油 …… 100g
糖粉 …… 35g

製作方法
把所有材料放進鋼盆，打發成撈起時勾角前端稍微低垂的狀態。

輕奶油醬

材料（容易製作的份量）
甜點奶油醬（參考p.51）…… 300g
鮮奶油（42%）…… 100g

製作方法
1 把甜點奶油醬放進鋼盆，用打蛋器攪散。
2 打發鮮奶油，直到呈現乾燥無水分的質感，倒進1裡面，用打蛋器劃切攪拌。

其他

草莓（紅頰等）、乾燥草莓粉、糖粉

❖ 組合 ❖

1 鋪上尺寸比舒芙蕾蛋糕略大的烤盤紙，將舒芙蕾蛋糕放在烤盤紙上面，有烤色的那一面朝下。

2

把450g的香緹鮮奶油倒在舒芙蕾蛋糕上面，用抹刀抹平。內側4～5cm的部分做出隆起的山形。瑞士捲末端的外側部分（隆起的相反端）則要薄塗。

3

把100g的輕奶油醬放進裝有直徑12mm圓形花嘴的擠花袋裡面，在2的山形外側擠出一條。

4

把去除蒂頭的草莓緊密排列在香緹鮮奶油的山形上方。草莓要塞進奶油裡面，以免捲的時候產生空洞。每條瑞士捲約11～12顆草莓。

5

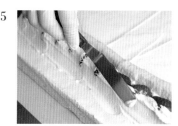

用抹刀把香緹鮮奶油往上塗抹，把草莓之間的縫隙填滿。

6

抓起烤盤紙的內側邊緣往外側拉，避免鮮奶油和蛋糕之間產生縫隙。

7

稍微輕握緊壓，從紙的上方把蛋糕邊緣往下壓，一邊將紙往外側拉起，將蛋糕捲入。

8

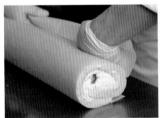

進一步把紙往外側拉，持續把蛋糕捲到最後。

9

讓8左右反轉，從紙的上方，用尺壓住末端，將紙往外側拉，把蛋糕捲緊，讓剖面呈現漂亮的圓形。

10 用膠帶把紙固定，以避免變形，用抹刀把邊緣溢出的香緹鮮奶油抹掉，用保鮮膜包起來，放進冰箱冷藏一晚。

11 把紙和膠帶拆掉，將瑞士捲的邊緣切掉，再切成個人偏愛的長度。

12 把草莓粉和糖粉混在一起，用濾茶器篩撒在11的上面，再進一步把糖粉撒在多個部位，讓草莓粉的粉紅色更加明顯。用16齒的花嘴擠出香緹鮮奶油，放上切好的草莓。

＞煎蛋捲

彼士裘伊海綿蛋糕

材料（直徑12cm15片）
全蛋（帶殼）…… 330g
精白砂糖 …… 40g＋140g
液態油（Olein Rich）…… 30g
菓子用麵粉（Raffine Ruban）…… 165g

＊在剪裁成60cm×40cm的烘焙紙上面畫出直徑12cm的圓圈，每個圓圈間隔1.5cm，將其鋪在烤盤內備用。
＊麵粉過篩備用。

製作方法

1 全蛋把蛋黃和蛋白分開。

2

把1的蛋黃、精白砂糖40g放進攪拌盆，用攪拌機的拌打器攪拌至泛白狀態後，慢慢加入液態油，持續打發至濃稠狀。

3

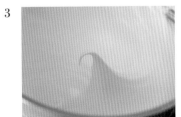

把1的蛋白放進另一個攪拌盆，用攪拌機打發，整體變成泡沫後，加入精白砂糖140g，進一步打發，製作出硬挺的蛋白霜。

4

把一部分的3倒進2裡面，用橡膠刮刀攪拌，避免擠壓氣泡，讓2和3呈現相同硬度。

5

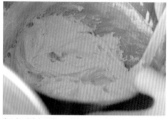

把麵粉倒進4裡面，劃切攪拌直到粉末感消失為止。

6

接著，加入剩餘的3，在避免擠壓氣泡的情況下混拌，在快要完全混合之前停止攪拌（照片下方）。

7

把6放進裝有直徑1.2cm花嘴的擠花袋，依照畫在烘焙紙上面的圓圈，從外側往中央擠成螺旋狀，製作出直徑12cm的圓形。

8　7的烤盤下方再重疊上另1片烤盤，用上火190℃、下火225℃的平窯烤8～10分鐘。

9

出爐。如果烤太久，組合的時候會破裂，要多加注意。表面只要有隱約烤色就夠了。

10

拿掉烘焙紙，放涼。保存時要盡可能避免乾燥，趁早組合成煎蛋捲。

奶油醬

材料（2個）
甜點奶油醬（參考p.51）…… 60g
櫻桃酒 …… 6g
鮮奶油（42%）…… 54g

製作方法

1

把甜點奶油醬放進調理盆，加入櫻桃酒，用橡膠
刮刀混拌。

2　整體變軟之後，改用打蛋器混拌均勻。

3

鮮奶油確實打發。

4

把1倒進3裡面，用打蛋器劃切混拌，讓鮮奶油的
氣泡混進甜點奶油醬裡面。

草莓果粒果醬

材料（容易製作的份量）
A ［草莓果泥 …… 250g
　 檸檬汁 …… 12g
B ［精白砂糖 …… 100g
　 NH果膠 …… 4g
＊B充分混合備用。

製作方法

1　把A放進鍋裡，加熱至40℃左右。
2　把B倒進1裡面，用打蛋器充分混拌煮沸。沸騰後
　持續混拌1分鐘，放涼。

其他

白草莓（雪兔・合同會社山中農園）、糖粉

✤ 組合 ✤

1
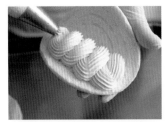

把鮮奶油放進裝有16齒花嘴的擠花袋。彼士裘伊
海綿蛋糕把與烘焙紙接觸的那一面朝上，放在手
掌上，讓蛋糕稍微呈現圓弧，由內往外，將螺旋
狀的奶油醬擠在上方。

2

把草莓果粒果醬放進擠花袋裡面，在1的奶油醬上
面擠出線狀。

3

將去除蒂頭、垂直切成對半的白草莓排放在奶油
醬上面，將蛋糕的兩端往內壓，將內餡夾起來。

4　用濾茶器把糖粉撒在蛋糕的上面。

Framboise

覆盆子甜點

賭場

昆布智成

不改變經典甜點的基本構成，而是調整作為
味覺核心的「紅果實」的協調性，藉此表現出現代的輕盈口感。
慕斯、果粒果醬不光只有香味奢華的覆盆子，
同時還搭配了紅醋栗的鮮明酸味，藉此來降低甜度，
並且再利用義式蛋白霜製作出輕盈質感。
巴伐利亞奶油霜利用櫻桃酒增添鮮明度。

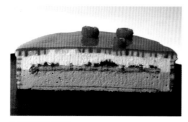

〔主要構成要素〕
（下起）杏仁彼士裘伊海綿蛋糕、莓果慕斯、杏仁彼士裘伊海綿蛋糕、覆盆子、櫻桃酒巴伐利亞奶油霜
（上面和側面）抹上覆盆子果粒果醬的杏仁彼士裘伊海綿蛋糕捲、淋醬

杏仁彼士裘伊海綿蛋糕

材料（60cm×40cm的烤盤4片）

A
- 糖粉 …… 400g
- 杏仁粉 …… 400g
- 蛋黃 …… 320g
- 蛋白 …… 240g

B
- 蛋白 …… 800g
- 精白砂糖 …… 480g

低筋麵粉 …… 280g

＊低筋麵粉過篩備用。

製作方法

1 把A放進攪拌盆，用攪拌機打發至泛白狀態。
2 把B放進另一個攪拌盆，用攪拌機打發，製作出硬挺的蛋白霜。
3 把2的1/3份量倒進1裡面，用橡膠刮刀混拌，加入低筋麵粉輕輕混拌。加入剩餘的2，輕輕混拌。
4 倒進鋪有烘焙紙的烤盤，用220℃的烤箱烤5分鐘，放涼。用直徑15cm的圓形圈模壓切成圓形，每份需要2片。

覆盆子果粒果醬

材料（容易製作的份量）

A
- 覆盆子果泥 …… 70g
- 紅醋栗果泥 …… 130g
- 水 …… 20g
- 水飴 …… 45g
- 精白砂糖 …… 75g

B
- NH果膠 …… 8g
- 精白砂糖 …… 48g

檸檬汁 …… 15g

＊B混合備用。

製作方法

1 把A放進鍋裡，加熱至40～50℃。
2 加入B混拌煮沸，加入檸檬汁混拌，放涼。

櫻桃酒巴伐利亞奶油霜

材料（直徑18cm的圓形模1個）

鮮奶油（35%）…… 105g

A
- 牛乳 …… 120g
- 香草豆莢 …… 1/5支

B
- 蛋黃 …… 40g
- 精白砂糖 …… 35g

明膠片 …… 4g

櫻桃酒 …… 10g

製作方法

1 把A放進鍋裡煮沸。
2 把B放進鋼盆，用打蛋器摩擦攪拌至泛白狀態，加入1混拌，倒回鍋裡，攪拌烹煮直到呈現濃稠狀。
3 關火，加入明膠、櫻桃酒混拌，使明膠融解。過濾到鋼盆，隔著冰水混拌冷卻。
4 把鮮奶油打成8分發，將一半份量倒進3裡面，用打蛋器攪拌融合，加入剩餘的鮮奶油撈拌均勻。

莓果慕斯

材料（直徑18cm的圓形模1個）

鮮奶油（35%）…… 215g

A
- 覆盆子果泥 …… 90g
- 紅醋栗果泥 …… 90g

B
- 蛋黃 …… 60g
- 精白砂糖 …… 20g

明膠片 …… 7.5g

小紅莓 …… 40g

蛋白 …… 80g

C
- 精白砂糖 …… 160g
- 水 …… 55g

製作方法

1 把A放進鍋裡煮沸。
2 把B放進鋼盆，用打蛋器攪拌至泛白程度，加入1攪拌，倒回鍋裡加熱，用橡膠刮刀一邊攪拌烹煮，直到呈現濃稠狀。
3 關火加入明膠、小紅莓，攪拌使明膠融解。過濾到鋼盆裡面，隔著冰水一邊攪拌冷卻。
4 把C放進小鍋加熱，製作成118℃的糖漿。把蛋白倒進攪拌盆，用攪拌機打發，一邊加入糖漿，進一步打發成義式蛋白霜。
5 將鮮奶油打發成8分發。
6 把5倒進3裡面，用打蛋器混拌，避免擠破氣泡。再進一步把6倒入，用打蛋器撈拌，最後改用橡膠刮刀撈拌均勻。

酒糖液

材料（1個）
波美30°糖漿 …… 100g
覆盆子果泥 …… 80g
櫻桃酒 …… 20g

製作方法
把所有材料混在一起。

淋醬

材料（容易製作的份量）
鏡面果膠 …… 100g
覆盆子果泥 …… 15g

製作方法
把所有材料混在一起。

其他

覆盆子

❧ 組合 ❧

1

把杏仁彼士裘伊海綿蛋糕放在烘焙紙上面，烤面朝上，薄塗上覆盆子果粒果醬，從邊緣開始捲。用烘焙紙捲起來後，用膠帶固定，冷凍。

2

把1的烘焙紙拆掉，切成厚度2mm的薄片。

3

將2鋪在直徑18cm的圓形模底部和內側的側面。

4

把櫻桃酒巴伐利亞奶油霜倒進3裡面，撒上覆盆子。

5　用毛刷把酒糖液拍打在杏仁彼士裘伊海綿蛋糕的烤面，讓該面朝下，重疊在4的上面，稍微輕壓，讓材料緊密貼合。杏仁彼士裘伊海綿蛋糕的上面也要拍打酒糖液，冷凍。

6

把莓果慕斯倒在5的杏仁彼士裘伊海綿蛋糕的上面，用抹刀抹平。

7

把酒糖液拍打在5的另一片杏仁彼士裘伊海綿蛋糕的烤面，讓該面朝下，重疊在6的上面，輕輕按壓，讓材料緊密貼合。冷凍。

8

把7的模型拿掉，讓杏仁彼士裘伊海綿蛋糕朝下，放在鐵網上面。

9　淋上淋醬，用抹刀快速抹平，裝飾上覆盆子。

安曇野產覆盆子
與大黃根塔

栗田健志郎

善用鄰近產地的優勢，將盛產期每周採購2、3次的完熟覆盆子，
製作成更能凸顯出新鮮果實風味的塔派。
重視麵粉風味的塔皮有著厚重且濃郁的風味，
和覆盆子、檸檬奶油醬、大黃根的酸味十分契合。

〔主要構成要素〕
（下起）法式甜塔皮、添加庭院摘採的百里香的杏仁奶油醬、大黃根果粒果醬、檸檬奶油醬、安曇野產覆盆子、莓果果粒果醬、百里香

法式甜塔皮

材料（容易製作的份量）

奶油 …… 150g

A ┌ 精白砂糖 …… 103g
　└ 白松露海鹽 …… 0.7g

全蛋 …… 40g

B ┌ 中筋麵粉 …… 233g
　└ 全麥粉 …… 17g

＊奶油預先恢復至15℃左右。
＊B混合過篩備用。

製作方法

1 奶油放進攪拌盆，用攪拌機的拌打器攪散。接著，加入A攪拌均勻。

2 加入全蛋，進一步粗略攪拌，在不均勻的狀態下停止攪拌。

3 把B倒進2裡面再次攪拌，在粉末感殘留的狀態下停止攪拌，倒進調理盤等容器裡面，放進冰箱冷藏一晚（因為使用的是麩質比低筋麵粉多的中筋麵粉，所以之後要透過整團揉捏的作業混拌均勻，因此要在完全攪拌均勻之前停止混拌，以防止過度揉捏）。

添加庭院摘採的百里香的杏仁奶油醬

材料（容易製作的份量）

發酵奶油 …… 150g
全蛋 …… 145g
自製杏仁糖粉（參考p.22杏仁傑諾瓦士海綿蛋糕）…… 300g
新鮮百里香葉 …… 2g

＊奶油預先恢復成27℃的髮蠟狀。
＊全蛋預先隔水加熱至28～29℃。

製作方法

1 把奶油放進鋼盆，加入100g的杏仁糖粉，用打蛋器混拌。

2 把全蛋分多次加入，每次都要確實混拌，維持乳化狀態。

3 把切碎的百里香葉和剩餘的杏仁糖粉放進2裡面，用橡膠刮刀混拌。

大黃根果粒果醬

材料（容易製作的份量）

大黃根（切成2～3cm，冷凍亦可）…… 250g
精白砂糖 …… 50g
海藻糖 …… 25g
凝固劑（伊那食品・Le Kanten Ultra）…… 10g

製作方法

1 把大黃根以外的材料放進鋼盆，用打蛋器混拌，接著加入大黃根，用木鏟等道具混拌，靜置數小時。

2 把1放進鍋裡，用木鏟等道具混拌，一邊用中火加熱，沸騰後改用小火，持續烹煮直到大黃根軟爛。

3 把保鮮膜套在直徑10cm的圓形圈模底部，再用橡皮筋加以固定。把2倒進裡面（1個108g），用急速冷凍機冷卻凝固。

檸檬奶油醬

材料（容易製作的份量）

檸檬汁（島波檸檬）◆ …… 121g

A ┌ 全蛋 …… 113g
　│ 精白砂糖 …… 113g
　└ 白松露海鹽 …… 1g

明膠片 …… 2.5g
無鹽奶油（切成2～3cm的塊狀）…… 145g
檸檬皮泥（島波檸檬）◆ …… 1顆份量
香草精 …… 0.5g

◆檸檬汁、檸檬皮…把廣島縣的島波檸檬的果汁和果皮冷凍貯藏，全年都能使用。

製作方法

1 把檸檬汁放進鍋裡，加熱至80℃。

2 把A放進鋼盆，用打蛋器充分攪拌至泛白程度。

3 把1倒進2裡面混拌，倒回鍋裡加熱，一邊攪拌烹煮至沸騰。之後用小火烹煮2分鐘，消除雞蛋的腥味。

4 關火，把明膠、奶油、檸檬皮、香草精加入3裡面，用攪拌器攪拌。

5 倒進保存容器，把保鮮膜平貼於表面，放進冰箱冷藏。

甜點奶油醬

材料（容易製作的份量）

A
- 牛乳 …… 500g
- 馬達加斯加產香草豆莢 …… 1/4支
- 香草精 …… 1.5g

B
- 精白砂糖 …… 75g
- 20%加糖蛋黃 …… 200g

C
- 卡士達粉 …… 10g
- 玉米澱粉 …… 25g

發酵奶油 …… 100g

製作方法

1 把A放進鍋裡，加熱至80℃。

2 把B放進鋼盆，用打蛋器攪拌至泛白程度，再進一步加入C混拌。

3 把1倒進2裡面混拌，一邊過濾到鍋裡，用大火加熱，用打蛋器一邊攪拌，直到溫度達到81℃。

4 關火，加入發酵奶油，攪拌乳化。倒進調理盤，把保鮮膜平貼於表面，用急速冷卻機冷卻。

莓果果粒果醬

＊參考p.22

其他

安曇野產覆盆子（1份約160g）、百里香（現摘）

⇨ 組合 ⇦

1 把法式甜塔皮的厚度擀壓成3mm，用直徑18cm的圓形圈模壓切成圓形。填進直徑15cm的法式塔圈裡面，底部扎小孔。放進冰箱冷卻。

2 把50g的杏仁奶油醬裝進1裡面，用抹刀抹平。將大黃根果粒果醬疊放在上面，再進一步疊放上50g的杏仁奶油醬，用抹刀抹平。

3 用170℃的熱對流烤箱烤22分鐘，冷卻。

4 把檸檬奶油醬33g和甜點奶油醬30g混在一起，塗抹在3的上面。

5 把覆盆子縱切成對半，緊密填塞在4的上方。把莓果果粒果醬點綴在覆盆子的縫隙之間，裝飾上百里香。

安曇野產覆盆子「Glen Ample」。顆粒較大且多汁。有著唯有完熟才有的柔軟口感。

覆盆子&萊姆塔

遠藤淳史

主角是水嫩的糖漬覆盆子。為了運用果實的風味，糖漬稍微抑制火候，
不將覆盆子煮得太爛，讓傑諾瓦士海綿蛋糕稍微吸收果實的汁液。
塔皮選擇比較容易隆起的巴斯克麵團。使用口感輕盈、味道濃郁的麵團，
藉此抑制甘納許的用量，在整體的調和中，強調糖漬覆盆子的存在感。

〔主要構成要素〕
（下起）巧克力巴斯克麵團、巧克力甘納許、糖漬萊姆、糖漬覆盆子、白彼士裘伊海綿蛋糕、覆盆子、樹葉狀的巧克力

糖漬覆盆子

材料（100個）

A ｜ 覆盆子果泥（Boiron）…… 437.5g
｜ 萊姆果泥 …… 437.5g
｜ 冷凍覆盆子碎粒 …… 1812.5g
｜ 精白砂糖 …… 600g
NH果膠 …… 31.3g
明膠片 …… 81.3g
覆盆子果泥 …… 1125g
萊姆皮（磨成泥）…… 2.5顆的份量
＊果膠和一部分A的精白砂糖混在一起備用。

製作方法

1 把A放進鍋裡，加熱至45～50℃，加入果膠，用打蛋器混拌。直接煮沸，一邊烹煮攪拌，在液體約滴落4、5滴，然後就停止滴落的稠度狀態下關火。如果烹煮過久，香氣就會流失，如果烹煮的方式太過草率，就可能導致後面的失敗，要多加注意。

2 加入明膠和覆盆子果泥混合攪拌，隔著冰水冷卻，溫度下降至30℃後，加入萊姆皮混拌。在溫度低於30℃的狀態下倒進模型裡面（組合2）。

白彼士裘伊海綿蛋糕

材料（60cm×40cm的烤盤1片）

A ｜ 蛋白 …… 380g
｜ 精白砂糖 …… 180g
優格 …… 100g
B ｜ 麵粉（Genie）…… 57.6g
｜ 杏仁粉（加州產）…… 50g
椰子細粉 …… 50g
＊B混合過篩備用。

製作方法

1 把A放進攪拌盆，用攪拌機打發，製作蛋白霜。

2 把優格放進鍋盆，倒入1，用橡膠刮刀混拌。倒入B輕輕混拌，加入椰子細粉攪拌。

3 倒進舖有烘焙紙的烤盤，用抹刀將厚度抹成1.2cm，用185℃的烤箱烤8分鐘。中途將烤盤旋轉180度。

4 放涼，用直徑5cm的圓形圈模壓成型。

萊姆酒糖液

材料（容易製作的份量）
水 …… 92g
波美30°糖漿 …… 368g
萊姆果泥（Boiron）…… 184g
萊姆皮（磨成泥）…… 適量

製作方法
把所有材料混在一起。

巧克力巴斯克麵團

材料（SilikoMart SF045塔派模型100個）
奶油 …… 800g
可可醬（日新加工・Pery）…… 250g
糖粉 …… 300g

A ｜ 蛋黃 …… 200g
｜ 蛋白 …… 50g
｜ 萊姆（NEGRITA）…… 80g
B ｜ 細蔗糖 …… 350g
｜ 杏仁粉 …… 350g
C ｜ 麵粉（SELVAGGIO）…… 440g
｜ 麵粉（LEGEND）…… 440g
｜ 泡打粉 …… 25g
＊奶油恢復至室溫備用。
＊A混合備用。
＊C混合過篩備用。

製作方法

1 可可醬加熱融解，冷卻至維持流動性的狀態。

2 把奶油放進攪拌盆，用攪拌機的拌打器攪拌至泛白程度。

3 把1倒進2裡面，快速攪拌，避免可可醬凝固。

4 加入糖粉攪拌，進一步加入A攪拌乳化。

5 加入B攪拌均勻。

6 把鍋盆從攪拌機上取下，加入C，用刮板切拌。

7 把6的厚度擀壓成4.5mm，用直徑7cm的圓形圈模壓切成型，填進SilikoMart SF045塔派模型裡面。蓋上保鮮膜，放進冰箱冷藏一晚。

8 在沒有放置重石的情況下，用135℃的熱對流烤箱烤25分鐘。

9 把尺寸與膨脹麵團相近的模型等放在上方稍微重壓，在維持麵團蓬鬆質地的同時，製作出凹陷。放涼。

巧克力甘納許

材料（100個）

A ┌ 巧克力（Cacao Barry・Alto el Sol）…… 345g
　└ 可可塊（貝盧產可可）…… 115g
B ┌ 水飴（HALLODEX）…… 115g
　│ 鮮奶油（35％）…… 575g
　└ 萊姆果泥（Boiron）…… 575g

製作方法

1 把B放進鍋裡煮沸。
2 把A放進鋼盆，加入1混拌，用攪拌器攪拌，確實乳化。

糖漬萊姆

材料（容易製作的份量）

萊姆 …… 4顆（450g）
A ┌ 白葡萄酒 …… 150g
　│ 水 …… 150g
　└ 精白砂糖 …… 300g
NH果膠 …… 6g

※果膠和一部分A的精白砂糖混合備用。

製作方法

1 萊姆削掉表皮，進一步剝除外皮。表皮留下來製作糖漬覆盆子使用。
2 把1的外皮煮沸後，放涼，切成5mm左右的碎粒。果肉也切成5mm左右的碎粒。
3 把2、A放進鍋裡加熱，用小火慢煮，白利糖度達到40％後，混入果膠，烹煮至白利糖度50％的半透明狀態，放涼。

其他

覆盆子、樹葉形狀的巧克力

✦ 組合 ✦

1 把萊姆酒糖液拍打在白彼士裘伊海綿蛋糕上面，冷凍。
2 把糖漬覆盆子倒進SilikoMart SF163 Stone，把1往下壓至平滿，冷凍。
3 巧克力巴斯克麵團裡面鋪上少量的巧克力甘納許，撒上糖漬萊姆，上面再進一步加上巧克力甘納許至平滿。

4

把切碎的覆盆子放在3的上面。

5 白彼士裘伊海綿蛋糕朝下，把脫模的2放在上面，放上覆盆子、樹葉狀的巧克力。

繁花盛開（Fleuri）

遠藤淳史

以紫羅蘭的香氣為主軸，搭配糖漬覆盆子、慕斯林奶油醬，
以及荔枝風味的白巧克力慕斯，透過2種不同口感的麵糊，
享受多層次的濃郁在嘴裡融合的美味。
透過上方的紫羅蘭圖樣與華麗的剖面，展現出花香與多種複雜味道的視覺饗宴。

〔主要構成要素〕
（下起）紫羅蘭磅蛋糕、糖漬覆盆子、杏仁手指餅
乾、紫羅蘭覆盆子慕斯林奶油醬、白巧克力慕斯、
杏仁手指餅乾、糖漬覆盆子、杏仁手指餅乾、紫羅
蘭覆盆子慕斯林奶油醬、白巧克力慕斯（上面是加
上轉印花紋的可可脂）、紫羅蘭鏡面果膠

杏仁手指餅乾

材料（58cm×38cm的方形模6個／2個）
蛋白 …… 1680g
精白砂糖 …… 1068g
蛋黃 …… 1020g
A ┌ 麵粉（Lisdor）…… 340g
　└ 杏仁粉（加州產）…… 570g
＊A混合過篩備用。

製作方法
1　把蛋白放進攪拌盆，用攪拌機打發，分2次加入精
　　白砂糖，製作出勾角硬挺的蛋白霜。
2　把蛋黃倒進1裡面，用橡膠刮刀從底部撈起混拌。
3　加入A，輕輕混拌。
4　把6個舖有矽膠墊的方形模（58cm×38cm）放在
　　烤盤上，將3均等倒入，將表面抹平，放進185℃
　　的熱對流烤箱（擋板半開），中途將烤盤轉向，
　　共計約烤9分鐘左右，放涼。出爐後的厚度約
　　7mm，烤色比較深。

紫羅蘭磅蛋糕

材料（58cm×38cm的方形模2個／2個）
A ┌ 精白砂糖 …… 348g
　└ 全蛋 …… 720g
杏仁粉（西西里島產和加州產的混合種類）…… 216g
B ┌ 低筋麵粉（日清製粉Violet）…… 288g
　└ 泡打粉 …… 9.6g
鮮奶油（38%）…… 120g
橄欖油 …… 120g
＊B混合過篩備用。

製作方法
1　把A放進攪拌盆，隔水加熱至40℃，用攪拌機打
　　發。
2　加入杏仁粉攪拌。
3　加入B，用橡膠刮刀混拌。
4　加入鮮奶油、橄欖油混拌均勻。
5　把2個舖有矽膠墊的方形模（58cm×38cm）放在
　　烤盤上，將4均等倒入，將表面抹平，用170℃的
　　熱對流烤箱（擋板關閉）烤12～14分鐘左右，放
　　涼。出爐後的厚度約8mm。

覆盆子酒糖液

材料（58cm×38cm的方形模2個）
覆盆子碎粒 …… 1000g
波美30°糖漿 …… 1500g
水 …… 500g
紫羅蘭香精 …… 16滴

製作方法
1　把所有的材料放進鋼盆，放進冰箱冷藏一晚。
2　使用前過濾，輕壓，將液體擠出。剩餘的覆盆子
　　預留500g，作為糖漬覆盆子使用。

糖漬覆盆子

材料（58cm×38cm的方形模2個）
A ┌ 覆盆子碎粒
　│（其中的500g是覆盆子酒糖液過濾後留用的部分）
　│　…… 2500g
　└ 精白砂糖 …… 500g
果膠NH（AIKOKU）…… 16.5g
覆盆子果泥 …… 660g
明膠片 …… 50g
紫羅蘭香精 …… 12滴
＊果膠和一部分精白砂糖混合備用。

製作方法
1　把A放進鍋裡混拌，一邊加熱攪拌，持續熱煮至
　　白利糖度55%。
2　加入果膠混拌。
3　把覆盆子果泥放進另一個鍋子煮沸。
4　關火，加入明膠融解，加入紫羅蘭香精混拌。
5　把2倒進4裡面混拌。

白巧克力慕斯

材料（58cm×38cm的方形模2個）

A ┌ 荔枝果泥 …… 340g
　└ 牛乳 …… 340g
B ┌ 蛋黃 …… 340g
　└ 精白砂糖 …… 136g
明膠片 …… 25g
白巧克力（32%）…… 300g
紫羅蘭香精 …… 16滴
馬斯卡彭起司 …… 205g
鮮奶油（35%）…… 1750g

製作方法

1　把A放進鍋裡煮沸。
2　把B倒入鍋盆，用打蛋器摩擦攪拌。
3　把1倒進2裡面，用打蛋器混拌，倒回鍋裡加熱，一邊攪拌烹煮至濃稠狀，加入明膠攪拌融解。
4　把融化的白巧克力和紫羅蘭香精倒進鍋盆，把3倒入，用打蛋器攪拌乳化。冷卻至30℃。
5　把4的一部分倒進馬斯卡彭起司裡面攪拌均勻，倒回4裡面混拌。攪拌結束的溫度約20℃左右。
6　把鮮奶油倒進鋼盆，打發成輕盈的8分發，把5分2次倒入，攪拌均勻。

紫羅蘭覆盆子
慕斯林奶油醬

材料（58cm×38cm的方形模2個）

覆盆子果泥 …… 1000g
玉米澱粉 …… 40g
精白砂糖 …… 270g
發泡奶油◆ …… 1160g
義式蛋白霜◆ …… 470g
紫羅蘭香精 …… 12滴

※預先將玉米澱粉和精白砂糖混在一起備用。
◆發泡奶油…奶油恢復至常溫後稍微打發，呈現乳脂狀。
◆義式蛋白霜…把精白砂糖313g和水100g混在一起，製作成118℃的糖漿，倒入打發的蛋白156g，再進一步打發。

製作方法

1　把覆盆子果泥放進鍋裡煮沸。關火，加入預先混合備用的玉米澱粉和精白砂糖，再進一步加熱攪拌，將玉米澱粉煮熟，呈現濃稠狀。冷卻至30℃。
2　把奶油放進攪拌盆，用拌打氣攪拌，充分打入空氣，倒入1混拌。
3　把義式蛋白霜分2次倒進2裡面，用橡膠刮刀從底部撈起攪拌。加入紫羅蘭香精混拌。

紫羅蘭鏡面果膠

材料（容易製作的份量）

黑醋栗整顆 …… 32g
覆盆子整顆 …… 64g
水 …… 1440g
A ┌ 精白砂糖 …… 960g
　│ 海藻糖 …… 240g
　└ NH果膠 …… 42g
紫羅蘭香精 …… 20滴
鏡面果膠 …… 800g
＊A混合備用。

製作方法

1　把黑醋栗、覆盆子、水放進鍋裡煮沸，放涼，讓顏色和風味滲透，過濾。
2　把1的液體（45℃左右）、A放進鍋裡，用打蛋器混拌，一邊攪拌煮沸，烹煮至白利糖度超過47%為止，放涼。
3　把紫羅蘭香精、鏡面果膠倒進2裡面，用攪拌器攪拌。

其他

可可脂、巧克力用色素（紅、藍、黃）

❖ 組合 ❖

1　可可脂融解後，分別裝進3個容器裡面，兩個加入
　　紅色和藍色的巧克力用色素，一個加入藍色和黃
　　色的巧克力用色素，製作出偏藍的紫色、偏紅的
　　紫色（花用）、褐色（樹葉用）的可可脂。

2　分別讓花和樹葉圖樣的海綿章（參考下列）吸附
　　可可脂，將圖樣隨機按壓在剪裁成60cm×
　　40cm，放在烤盤上的OPP膜上面，用15℃的巧
　　克力冷藏櫃冷藏一晚。

3　在杏仁手指餅乾3片、紫羅蘭磅蛋糕1片，拍打上
　　300g的覆盆子酒糖液，冷凍。

4　把紫羅蘭磅蛋糕和手指餅乾各1片分別放進2個
　　58cm×38cm方形膜裡面，倒入厚度3mm的糖漬
　　覆盆子，用抹刀抹平。分別疊上剩下的手指餅
　　乾，用手輕輕按壓，讓材料緊密貼合，放進冰箱
　　冷卻2小時。

5　分別在4的上面倒入厚度4mm的紫羅蘭覆盆子慕
　　斯林奶油醬，用抹刀抹平，冷凍。

6　把58cm×38cm的方形模放在2的上面，倒入厚
　　度8mm的白巧克力慕斯，用抹刀抹平。

7　使用5的手指餅乾2片，讓手指餅乾的面朝上，疊
　　放在6的上面，再進一步倒入厚度8mm的白巧克
　　力慕斯，用抹刀抹平。

8　讓紫羅蘭磅蛋糕朝上，把剩餘的5疊放在7上面，
　　用手輕輕按壓，讓材料貼合，冷凍。

9　把8的方形模拿掉，讓紫羅蘭磅蛋糕朝下放置，撕
　　掉OPP模，淋上鏡面果膠，切成適當大小（上面
　　的花紋會隨著解凍而變透明）。

遠藤先生應用在點心製作上的花紋圖章。把密實的海綿剪
成花朵或樹葉的形狀，再用刀具進一步雕刻出圖案，然後
將其黏貼在附有背膠的掛勾背面，就可以直接抓著使用。

覆盆子杏桃

中山洋平

享受以酸味為賣點的覆盆子與杏桃的絕妙搭配。
最上方的庫利混合了2種果泥，在一口接著一口的同時，各自的果泥和醬交替出現，
最後再以覆盆子收尾。穿插其間的慕斯甜味讓酸味變得更加順口。

〔主要構成要素〕
（下起）覆盆子庫利、白巧克力慕斯、糖漬杏桃覆盆子、杏桃覆盆子庫利、酥餅碎、覆盆子、糖漬杏桃

覆盆子庫利

材料（10個）

A ┌ 覆盆子果泥 …… 85g
　└ 精白砂糖 …… 8g
B ┌ 明膠粉（200 Bloom）…… 1.5g
　└ 水 …… 9g

＊B混在一起，將明膠泡軟，加熱融解備用。

製作方法

1　把A放進鍋裡煮沸。
2　把B放進1裡面混拌。

白巧克力慕斯

材料（10個）

牛乳 …… 140g
白巧克力 …… 175g
A ┌ 明膠粉（200 Bloom）…… 3g
　└ 水 …… 18g
鮮奶油（35%）…… 186g

＊A混在一起，將明膠泡軟，加熱融解備用。

製作方法

1　把白巧克力放進鋼盆。
2　將牛乳煮沸，倒進1裡面，用打蛋器攪拌乳化。
3　把A倒進2裡面混拌，隔著冰水攪拌冷卻至28℃。
4　將鮮奶油打發至7分發，倒進3裡面撈拌。

糖漬杏桃覆盆子

材料（10個）

A ┌ 冷凍覆盆子 …… 250g
　│ 萊姆果泥 …… 38g
　└ 精白砂糖 …… 15g
B ┌ 精白砂糖 …… 32g
　└ HM果膠（AIKOKU・Yellow Ribbon）…… 4g
C ┌ 糖漬杏桃（罐頭、淨重）…… 200g
　└ 半乾性桃 …… 70g

＊B混合備用。
＊C切成5mm塊狀備用。

製作方法

1　把A放進鍋裡煮沸。
2　把B倒進1裡面攪拌煮沸。
3　加入C攪拌煮沸，隔著冰水冷卻。

杏桃覆盆子庫利

材料（10個）

A ┌ 覆盆子果泥 …… 30g
　│ 杏桃果泥 …… 110g
　└ 精白砂糖 …… 16g
B ┌ 明膠粉（200 Bloom）…… 2.5g
　└ 水 …… 15g

＊B混在一起，將明膠泡軟，加熱融解備用。

製作方法

1　把A放進鍋裡煮沸。
2　把B放進1裡面混拌。

酥餅碎

材料（容易製作的份量）

低筋麵粉 …… 100g
發酵奶油 …… 100g
細蔗糖 …… 100g
帶皮杏仁粉 …… 75%

製作方法

1　把所有材料放進食物調理機攪拌均勻。
2　把1撕成小塊，撒在舖有透氣烤盤墊的烤盤上，用160℃的熱對流烤箱烤20分鐘，放涼。

其他

覆盆子、糖漬杏桃

❖ 組合 ❖

1　把10g的覆盆子庫利倒進直徑約5cm高7cm的玻璃杯，冷凍。
2　把20g的白巧克力慕斯倒在1的上面，冷凍。
3　把40g的糖漬杏桃覆盆子倒在2的上面，冷凍。
4　把20g的白巧克力慕斯倒在3的上面，冷凍。
5　把15g的杏桃覆盆子庫利倒在4的上面。
6　把酥餅碎撒在5的上面，裝飾上切塊的糖漬杏桃。

香橙開心果

金井史章

經典的絕妙搭配，
開心果的濃郁與覆盆子的酸甜，再加上香橙。
將覆盆子的隱約澀味和香橙的豐富香氣
與淡淡酸味融合成一體，
藉此營造出更上一層的整體感。

〔主要構成要素〕
（下起）杏仁核桃彼士裘伊海綿蛋糕、法式薄脆餅、開心果慕斯、香橙鏡面果膠、香緹鮮奶油、覆盆子、開心果
（內餡）香橙慕斯、覆盆子果凍
（慕斯外圍）杏仁酒糖液

覆盆子果凍

材料（400個）

A
覆盆子果泥 …… 1500g
覆盆子碎粒（冷凍亦可）…… 2700g
精白砂糖 …… 1200g

B
HN果膠 …… 75g
精白砂糖 …… 800g

明膠片 …… 80g

＊B混合備用。

製作方法

1　把A放進鍋裡一邊攪拌加熱。
2　加熱至40℃後，一邊攪拌加入B，沸騰後烹煮1分鐘，關火，加入明膠，攪拌融解。

香橙慕斯

材料（200個）

白巧克力 …… 1400g

A
牛乳 …… 447g
香橙皮（磨成泥）…… 7g
香橙汁 …… 192g

B
20％加糖蛋黃 …… 200g
精白砂糖 …… 45g

明膠片 …… 14g
鮮奶油（35％）…… 1330g
香橙油 …… 11滴

製作方法

1　把A放進鍋裡加熱，沸騰後，關火，蓋上鍋蓋，靜置5分鐘，讓風味釋出。
2　把B放進鋼盆，用打蛋器攪拌至泛白程度，倒入1混拌，倒回1的鍋子，一邊加熱攪拌，持續烹煮至80℃。

3 把白巧克力放進鋼盆，把2少量逐次過濾到鋼盆
裡面，用打蛋器攪拌乳化。加入明膠，攪拌融
解。隔著冰水，冷卻至36℃。
4 把香橙油倒進鮮奶油裡面，打發至6分發，加入
3，用橡膠刮刀撈拌。

開心果慕斯

材料（90個）
牛乳 …… 1350g
A ┌ 精白砂糖 …… 270g
　└ 20%加糖蛋黃 …… 675g
明膠片 …… 50.4g
開心果醬 …… 396g
杏仁香甜酒 …… 90g
鮮奶油（35%）…… 1620g

製作方法
1 把牛乳放進鍋裡煮沸。
2 把A放進鋼盆，用打蛋器摩擦攪拌，倒入1混拌，
倒回1的鍋子，持續烹煮至82℃。關火，加入明
膠，攪拌融解。
3 把開心果醬放進另一個鋼盆，把2過濾到鋼盆，用
橡膠刮刀攪拌。加入杏仁香甜酒混拌，隔著冰水
冷卻至30℃。
4 把鮮奶油打發至6分發，倒進3裡面，用橡膠刮刀
撈拌。

法式薄脆餅

材料（60cm×40cm的烤盤1片）
白巧克力 …… 280g
奶油 …… 50g
杏仁醬（MARULLO）…… 170g
榛果巧克力（Valrhona）…… 130g
開心果醬 …… 10g
法式薄脆餅 …… 320g

製作方法
1 把法式薄脆餅以外的材料混在一起，用微波爐等
融解。
2 把法式薄脆餅放進1裡面，用橡膠刮刀充分拌勻。

杏仁核桃彼士裘伊海綿蛋糕
＊參考p.29。

杏仁酒糖液

材料（容易製作的份量）
A ┌ 白巧克力 …… 500g
　└ 米油 …… 75g
杏仁碎 …… 100g

製作方法
把A混在一起溶解，加入杏仁碎混拌，調溫至30℃以
上。

香緹鮮奶油

材料（容易製作的份量）
白巧克力 …… 30g
鮮奶油（42%）…… 20g
開心果醬 …… 12g
鮮奶油（42%）…… 280g

製作方法
1 把白巧克力放進鋼盆，加入煮沸的鮮奶油20g，用
打蛋器攪拌乳化。
2 把開心果醬倒進1裡面混拌。
3 把冰冷的鮮奶油80g倒進2裡面攪拌乳化。
4 把3打發成容易擠花的硬度。

香橙鏡面果膠

材料（容易製作的份量）
香橙汁 …… 720g
鏡面果膠（SUBLIMO NEUTRE）…… 2400g
香橙皮（磨成泥）…… 24g

製作方法
把所有材料混合。

其他

覆盆子、開心果

⇢ 組合 ⇠

1 把15g的覆盆子果凍倒進直徑4cm×高2cm的圓
形矽膠模型裡面，冷凍。
2 把香橙慕斯倒在1的上面，用抹刀抹平，冷凍。
3 把法式薄脆餅倒在杏仁核桃彼士裘伊海綿蛋糕上
面，用抹刀抹平，放進冰箱冷卻凝固。用直徑
4cm的圓形圈模壓切成型。
4 把3放進直徑5.5cm×高4cm的圓形圈模裡面，將
開心果慕斯擠入至一半高度，把脫模的2塞入。把
開心果慕斯擠在其上面，用抹刀把多餘的開心果
慕斯刮掉，冷凍。
5 把4脫模，從上方插入竹籤，保留上方5mm左
右，將其多次浸泡到杏仁酒糖液裡面，放在鐵網
上面，靜待杏仁酒糖液凝固。
6 把香緹鮮奶油放進裝有細小星形花嘴的擠花袋裡
面，在5的上面擠出圓形，將香橙鏡面果膠倒入其
中。裝飾上覆盆子和切碎的開心果。

再見（A bientôt！）

昆布智成

以寒冷時期舒緩心靈的形象，把添加紅色莓果的熱紅酒和辛香料等香料組合在一起。
這同時也是昆布先生在告別之際所製作的甜點，其中蘊藏著溫暖安撫孤獨的思念。

〔主要構成要素〕
（下起）杏仁核桃彼士裘伊海綿蛋糕、紅茶慕斯、香料香緹鮮奶油、裝飾杏仁、可可粉
（內餡）香料甘納許、覆盆子果凍
（慕斯外圍）覆面酒糖液

杏仁核桃彼士裘伊海綿蛋糕

材料（60cm×40cm的烤盤1片）

A ┌ 杏仁粉 …… 95g
　│ 糖粉 …… 95g
　│ 蛋黃 …… 70g
　└ 全蛋 …… 65g
蛋白 …… 175g
精白砂糖 …… 63g
B ┌ 低筋麵粉 …… 76g
　└ 可可粉 …… 35g
奶油 …… 45g

＊B混合過篩備用。
＊奶油融化備用。

製作方法

1　把A放進攪拌盆，用攪拌機打發至泛白程度。
2　把蛋白放進另一個攪拌盆，用攪拌機稍微打發，加入精白砂糖，進一步打發，製成蛋白霜。
3　把2的一半份量倒進1裡面，用橡膠刮刀攪拌，倒入B輕輕混拌。加入奶油撈拌，把剩下的2倒入輕輕混拌。
4　把3倒進舖有烘焙紙的烤盤，用抹刀抹平，用220℃的烤箱烤5分鐘，放涼。用直徑3cm的圓形圈模壓切成型。

香料甘納許

材料（10個）
鮮奶油（35%）…… 110g
A ┌ 白巧克力 …… 95g
　└ 香料麵包粉 …… 6g

製作方法

1　把鮮奶油放進鍋裡煮沸。
2　把A放進鋼盆，倒入1，用打蛋器攪拌乳化。

覆盆子果凍

材料（10個）
覆盆子碎粒 …… 120g
黑醋栗果泥 …… 20g
精白砂糖 …… 15g
紅酒 …… 4g
檸檬汁 …… 4g
明膠片 …… 2g

製作方法
1 把明膠以外的材料放進鍋裡煮沸。
2 關火，加入明膠，用打蛋器攪拌，隔著冰水攪拌，冷卻。

覆面酒糖液

材料（容易製作的份量）
巧克力（64%·Sierra Nevada）…… 100g
葡萄籽油 …… 40g

製作方法
1 把巧克力放進鋼盆，用微波爐等融解。
2 倒入葡萄籽油，用打蛋器攪拌乳化。

紅茶慕斯

材料（60個）
A ┌ 牛乳 …… 320g
　└ 香草豆莢 …… 4/5支
紅茶茶葉 …… 25g
B ┌ 精白砂糖 …… 60g
　└ 蛋黃 …… 180g
明膠片 …… 16g
白巧克力 …… 350g
鮮奶油（38%）…… 850g

製作方法
1 把A放進鍋裡煮沸，關火，倒入紅茶茶葉，蓋上鍋蓋，靜置10分鐘，讓風味釋放後，過濾。
2 把B放進鋼盆，用打蛋器攪拌至泛白狀態，倒入1攪拌，倒回鍋裡，一邊烹煮攪拌，直到產生濃稠度。倒入明膠融解，隔著冰水攪拌冷卻。
3 把白巧克力倒進鋼盆，隔水加熱融解，將溫度調整為40℃，加入2攪拌乳化。
4 把鮮奶油打發成8分發，分2次加入混拌。

香料香緹鮮奶油

材料（容易製作的份量）
A ┌ 鮮奶油（42%）…… 250g
　│ 蜂蜜 …… 20g
　└ 香料麵包粉 …… 2g
白巧克力 …… 120g

製作方法
1 把A放進鍋裡煮沸。
2 把白巧克力放進鋼盆，倒入1，用打蛋器攪拌乳化。放進冰箱冷藏一晚。

裝飾用杏仁

材料（容易製作的份量）
杏仁片 …… 200g
波美30°糖漿 …… 50g
糖粉 …… 120g
香料麵包粉 …… 10g

製作方法
把所有材料放進鋼盆攪拌，攤開放置在鋪有烘焙紙的烤盤內，用160℃的烤箱烤10分鐘。

其他

可可粉

❖ 組合 ❖

1 把香料甘納許倒進直徑3cm高2cm的圓形圈模至5分滿，抹平，冷凍。
2 把覆盆子果凍倒進1裡面抹平，冷凍。
3 把茶葉慕斯倒入SilikoMart Ode50模型至8分滿，讓覆盆子果凍朝下，把2壓入至中央。把茶葉慕斯擠在上方，用抹刀抹平，放上杏仁核桃彼士裘伊海綿蛋糕輕壓，冷凍。
4 把覆面酒糖液放進鋼盆，加熱至40℃左右。
5 把3脫模，把竹籤插進杏仁核桃彼士裘伊海綿蛋糕的相反面，放進4的覆面酒糖液裡面浸泡，浸泡至下起2/3左右的高度，放在鐵網上面，將竹籤拔掉。
6 把香料香緹鮮奶油打發成容易擠花的硬度，放進裝有星形花嘴的擠花袋，擠在5的上面，把裝飾用杏仁黏貼在香料香緹鮮奶油的上面。撒上可可粉。

覆盆子特羅佩塔

渡邊世紀

用布里歐麵包把奶油醬夾在其間，質樸且簡單的甜點，
再搭配大量的當地產完熟覆盆子。覆盆子選擇酸味較強烈的品種，
以輕盈口感為目標。酒糖液也使用覆盆子果汁。
把橙花水混進奶油醬裡面，透出法國南部發源地的香氣。

〔主要構成要素〕
（下起）布里歐麵團、橙花
法式奶油餡、覆盆子、布里
歐麵團

布里歐麵團

材料（直徑18cm的圓形圈模3個）

A ⎡ 牛乳 …… 27g
⎣ 全蛋 …… 177g
B ⎡ 乾酵母 …… 4.3g
⎣ 精白砂糖 …… 0.9g
水 …… 16g
C ⎡ 高筋麵粉 …… 268g
⎢ 精白砂糖 …… 32g
⎣ 鹽巴 …… 5.4g
奶油 …… 161g
蛋液◆、珍珠糖 …… 適量

◆蛋液…把打散的全蛋和蛋黃1個混拌在一起。

製作方法

1 把A放進鋼盆，用打蛋器混拌，隔水加熱至36℃。
2 把水加熱至肌膚溫度，加入B，用打蛋器混拌，倒進1裡面混拌。
3 把C倒進攪拌盆，用打蛋器等充分混拌。把攪拌盆裝到攪拌機上面，倒入2，一邊用攪拌勾低速攪拌，添加結束後，改成中速，再進一步攪拌。
4 當3能夠從鋼盆內部剝落的時候，用手指把切成1cm塊狀的奶油捏碎，分多次加入，一邊攪拌。
5 把麵團彙整到鋼盆的中心，用雙手抓住麵團往上拉扯，只要麵團能夠形成薄膜，就可以轉移到調理盤。蓋上保鮮膜，放進35℃的發酵器裡面，發酵50分鐘（一次發酵）。
6 5經過捶打之後，重新彙整成團，再次蓋上保鮮膜，放進冰箱一晚。
7 把手粉（份量外）撒在6上面，將麵團分成200g一團，擀壓成直徑18cm左右的圓形。放在矽膠墊上面，分別放進18cm的圓形圈模裡面，按壓麵團的邊緣，避免與圓形圈模之間有縫隙。
8 把水（份量外）噴灑在7上面，放進35℃的發酵器裡面，發酵50分鐘（二次發酵）。
9 用毛刷把蛋液塗抹在8的表面，撒上珍珠糖，用手指輕壓。
10 用180℃的烤箱，中途改變方向，約烤40分鐘，放涼。

橙花法式奶油餡

材料（容易製作的份量）

A ⎡ 牛乳 …… 350g
⎣ 香草豆莢 …… 1/8支
B ⎡ 蛋黃 …… 6個
⎣ 精白砂糖 …… 210g
奶油 …… 490g
橙花水 …… 3g

＊奶油恢復至髮蠟狀備用。

製作方法

1 把奶油放進攪拌盆，用攪拌機打發。
2 把A放進鍋裡煮沸。
3 把B放進鋼盆，用打蛋器充分摩擦攪拌，把2倒入混拌。
4 3隔水加熱，一邊攪拌烹煮至82℃，過濾到另一個鋼盆，隔著冰水攪拌，讓溫度下降至23℃。
5 把1慢慢倒進4裡面，用攪拌機攪拌乳化。
6 取300g的5，加入橙花水，用打蛋器攪拌。

酒糖液

材料（3個）

覆盆子果汁 …… 133g
樹膠糖漿（參考p.33酒糖液）…… 200g
水 …… 133g
覆盆子利口酒 …… 53g

製作方法

把所有材料混合。

其他

覆盆子（一個約100g）、糖粉

⇾ 組合 ⇽

1 用1.3cm的厚度控制尺貼著布里歐麵團，將麵團分切切上下兩個部分。
2 在1上方麵團的剖面拍打上100g的酒糖液，下方麵團的剖面則拍打上50g。
3 把橙花法式奶油餡放進裝有9mm圓形花嘴的擠花袋裡面，從2下方麵團的中央開始擠出緊密的螺旋狀，直到邊緣內側的5mm處。
4 把覆盆子擺放在3的橙花法式奶油餡上面，上面再擠上與3相同份量的橙花法式奶油餡，用抹刀抹平。
5 覆蓋上方麵團，用手輕壓，放進冰箱冷藏。
6 用濾茶器撒上糖粉，切成6等分。

Various Berries

其他的莓果甜點

藍莓起司塔

平野智久

以「簡單享受水果、
起司料糊和鮮奶油」為概念，主角是大量的藍莓。
利用抑制甜度的料糊和鮮奶油，誘出果實感和自然的甜味。

〔主要構成要素〕
（下起）酥餅麵團、起司料糊、鮮奶油、藍莓

酥餅麵團

材料（容易製作的份量）
＊參考p.116。每個約使用120g。

起司料糊

材料（容易製作的份量）
＊參考p.117。依個人喜好，適量添加藍莓果泥混拌。

其他

藍莓、鏡面果膠、個人偏愛的藍莓果醬、鮮奶油（40%，加糖6%）

➤ 組合 ➤

1　把酥餅麵團的厚度擀壓成3mm，填進直徑14cm的曼克模型裡面，放進冰箱冷卻凝固30分鐘左右。

2　把烘焙紙鋪在酥餅麵團上面，再放上壓塔石，放進預熱200℃的烤箱，用173℃烤23分鐘（試著拿掉壓塔石，如果還呈現泛白，就再把壓塔石重新放回，持續烤至呈現香酥焦黃色）。直接放在模型裡面冷卻。

3　在2的底部放進10顆左右的藍莓，倒入起司料糊至8分滿，放進預熱200℃的烤箱，用160℃烤27分鐘（出爐後會稍微膨脹）。放涼，直接放在模型裡面，放進冰箱確實冷卻。

4　用瓦斯槍等加熱模型，脫模，在烤好的起司料糊表面塗抹少量的果醬。

5　把確實打發的鮮奶油放進裝有圓形花嘴的擠花袋，從4的中央向外擠出緊密的螺旋狀。最後在比邊緣的酥餅麵團稍微內側的地方停止擠花（如果把鮮奶油擠到塔的邊緣，6塗抹的鏡面果膠就容易流到塔外面）。

6　在5的上面擺滿藍莓，再進一步往上堆疊成隆起的塔狀。

7　鏡面果膠加熱後稍微放涼，將鏡面果膠塗抹在6的藍莓上面，放進冰箱冷卻凝固。邊緣用濾茶器篩上糖粉。

藍莓茉莉花蛋糕

栗田健志郎

藍莓與茉莉花茶的組合，栗田先生從以前便注意到兩種素材香味的絕佳契合度。
添加了茉莉花茶的蛋糕、打發甘納許，再搭配上生與加熱的藍莓，
擴大味覺感受的慕斯相互輝映，最後以茶的苦澀讓整體更紮實。

> 藍莓茉莉花蛋糕

〔主要構成要素〕
（下起）茉莉藍莓蛋糕、藍莓
果粒果醬、藍莓慕斯、茉莉花
打發甘納許、藍莓

茉莉藍莓蛋糕

材料（57cm×37cm×高度5.3mm的方形模1個）

發酵奶油 …… 450g
太白芝麻油 …… 100g
A ┌ 精白砂糖 …… 300g
　└ 蜂蜜 …… 50g
B ┌ 全蛋 …… 420g
　└ 蛋黃 …… 60g
茉莉花茶粉末 …… 25g
自製杏仁糖粉（參考p.22杏仁傑諾瓦士海綿蛋糕）
　…… 300g
C ┌ 低筋麵粉 …… 150g
　│ 高筋麵粉 …… 300g
　└ 泡打粉 …… 6g
藍莓（新鮮或冷凍整顆）…… 400g
D ┌ 波美30°糖漿 …… 200g
　│ 礦泉水 …… 200g
　└ 白葡萄酒（白蘇維濃）…… 200g
＊發酵奶油恢復至髮蠟狀備用。
＊C混合過篩備用。
＊B混合備用。

製作方法
1 把發酵奶油放進攪拌盆，用攪拌機的拌打器低速
　幾拌均勻，加入太白芝麻油，進一步攪拌均勻。
　再進一步加入A，攪拌至呈現略為泛白的狀態。
2 把B放進鋼盆混拌，隔水加熱至30℃。
3 把2分成4～5次倒進1裡面，每次加入都要用攪拌
　機攪拌乳化後，再加入下一次。為避免結塊，偶
　爾要關掉攪拌機，用橡膠刮刀把鋼盆內側和拌打
　器上面的材料刮下。
4 把茉莉花茶粉末、杏仁糖粉倒進3裡面，用低速攪
　拌，粗略混拌後，接著加入C攪拌，為防止產生
　太多麩質，在完全混合之前，把攪拌機關掉，改
　用刮板混拌，使麵團混拌均勻。
5 把57cm×37cm×高度5.3mm的方形模放在舖有
　矽膠墊的烤盤上，倒入4，用抹刀抹平。
6 以約3cm的間隔，把藍莓均等排放在5的麵團上，
　輕輕按壓。
7 用170℃的熱對流烤箱烤10分鐘，將烤盤轉向，
　進一步烤12分鐘。
8 趁7還溫熱的時候，用毛刷把D拍打在上面。

藍莓果粒果醬

材料（57cm×37cm×高度5.3mm的方形模1個）

A ┌ 藍莓 …… 500g
　└ 冷凍黑醋栗整顆 …… 50g
B ┌ 海藻糖 …… 50g
　│ 精白砂糖 …… 75g
　└ HM果膠 …… 1.5g
檸檬汁 …… 50g
＊B放進鋼盆混拌備用。

製作方法
1 把A放進鍋裡，用小火加熱。滲出汁液之後，改
　用中火，用木鏟混拌加熱至40℃，關火。
2 把1倒進裝有B的鋼盆裡面，一邊用打蛋器攪拌，
　倒回鍋裡，再次用中火一邊用木鏟攪拌，加熱至
　沸騰。
3 關火，加入檸檬汁混拌，用攪拌器攪拌。
4 倒進調理盤，將保鮮膜平貼於表面，用急速冷卻
　機冷卻。

藍莓慕斯

材料（57cm×37cm×高度5.3mm的方形模1個）

A｜ 藍莓 …… 250g
　｜ 黑醋栗果泥 …… 150g
　｜ 檸檬汁 …… 75g

B｜ 蛋黃 …… 200g
　｜ 精白砂糖 …… 250g

明膠片 …… 30g

藍莓 …… 250g

C｜ 馬斯卡彭起司 …… 60g
　｜ 鮮奶油（45%）…… 1500g

製作方法

1 把A混合在一起，用攪拌器攪拌，倒進鍋裡，加熱至60℃。
2 把B倒進鋼盆，用打蛋器摩擦攪拌。
3 把1分兩次倒進2裡面，一邊攪拌加入。倒回鍋裡，一邊用橡膠刮刀攪拌，加熱至81℃。
4 把3倒進鋼盆，加入明膠，攪拌融解。
5 把250g的藍莓倒進4裡面，用攪拌器攪拌，隔著冰水，用橡膠刮刀攪拌冷卻至31℃。
6 把C放進攪拌盆，用攪拌機打發成7分發。
7 把6的三分之一份量倒進5裡面，用打蛋器確實攪拌均勻。再次把6的三分之一份量倒入，用打蛋器撈拌。把剩餘的6倒入，為避免攪拌不均，攪拌的時候要一邊用橡膠刮刀撈刮鋼盆底部和側面。

茉莉花打發甘納許

材料（57cm×37cm×高度5.3mm的方形模1個）

A｜ 牛乳 …… 300g
　｜ 鮮奶油（45%）…… 500g

茉莉花茶粉末 …… 45g

明膠片 …… 6g

白巧克力 …… 600g

B｜ 鮮奶油（45%）…… 500g
　｜ 鮮奶油（35%）…… 1000g

製作方法

1 把A放進鍋裡，加熱至95℃，關火，倒入茉莉花茶粉末，蓋上保鮮膜，靜置5分鐘，釋出風味。
2 用濾茶器過濾1，加入明膠，用橡膠刮刀混拌。接著，加入白巧克力攪拌融解。用攪拌器攪拌乳化。
3 把B倒進2裡面，用橡膠刮刀混拌，再次用攪拌器攪拌。
4 將保鮮膜平貼在表面，放進冰箱冷藏一晚。

其他

藍莓適量（裝飾）

❖ 組合 ❖

1 把藍莓果粒果醬倒在方形模裡面的茉莉藍莓蛋糕上面，用抹刀抹平，放進急速冷凍機裡面，冷卻凝固5分鐘。
2 把全部份量的藍莓慕斯倒進1的方形模裡面，用抹刀抹平。用急速冷凍機確實冷卻凝固。
3 把茉莉打發甘納許打發成容易擠花的硬度，放進裝有聖多諾黑花嘴的擠花袋裡面。
4 把2的方形模拿掉，在上方擠上大量的3，用急速冷凍機冷卻至茉莉打發甘納許凝固為止。分切成每個9cm×3.5cm的大小。

藍莓乳酪

渡邊世紀

利用白黴起司製成的慕斯，
帶來複雜風味的「成年人的藍莓乳酪蛋糕」。
內餡的糖漬藍莓果凍刻意縮短加熱時間，
藉此保留素材的風味。

〔主要構成要素〕
（下起）糖粉奶油細末、乳
酪慕斯、藍莓淋醬、藍莓
（內餡）糖漬藍莓果凍
（慕斯外圍）覆面白巧克力

糖粉奶油細末

材料（容易製作的份量）

A	精白砂糖 …… 225g
	杏仁粉 …… 225g
	低筋麵粉 …… 225g
	鹽巴 …… 4g

奶油 …… 225g

製作方法

1　把A混在一起過篩，放進冷凍庫冷卻。

2　抓2把1和1把切成1cm塊狀的奶油，放進食物調理機攪拌混合。重複這個動作，將1和奶油全部混合攪拌。

3　把2放進攪拌盆，用攪拌機的攪拌勾攪拌，放進冰箱冷藏一晚。

4　用濾網把3按壓過濾成鬆散狀。

5　把直徑4.5cm的圓形圈模擺放在鋪有透氣烤盤墊的烤盤上面，分別將6g的4放進圓形圈模裡面，用170℃的烤箱烤8分鐘。

糖漬藍莓果凍

材料（容易製作的份量）

A ⌈ 藍莓 …… 1000g
　└ 精白砂糖 …… 140g
B ⌈ 果膠 …… 12g
　└ 精白砂糖 …… 140g
檸檬汁 …… 168g
黑醋栗利口酒 …… 24g

＊B混合備用。

製作方法

1 把A放進鍋裡加熱，藍莓的水分釋出，沸騰後，加入B混拌，再次沸騰後，加熱1分鐘。
2 關火，加入檸檬汁混拌，放涼後，加入黑醋栗利口酒混拌，冷卻。
3 把25g的2放進底部套上保鮮膜，用橡皮筋固定的直徑5.5cm圓形圈模裡面，冷凍。

乳酪慕斯

材料（48個）

奶油起司 …… 689g
白黴起司（BRILLA SAVARIN PMDL）…… 68g
明膠片 …… 14.8g
蛋黃 …… 98g
樹膠糖漿（參考p.33酒糖液）…… 105g
蛋白 …… 156g
A ⌈ 精白砂糖 …… 234g
　└ 水 …… 59g
鮮奶油（35%）…… 626g

製作方法

1 把奶油起司放進鋼盆，用橡膠刮刀攪散，隔水加熱至40℃，加入白黴起司，用橡膠刮刀充分混拌。
2 把明膠放進另一個鋼盆，把一部分的1倒入，用隔水加熱的方式融解，再倒回1混拌。
3 把蛋黃放進另一個鋼盆，一邊加入稍微煮沸的樹膠糖漿混拌，過濾。隔水加熱，一邊加熱攪拌至濃稠程度。
4 把3倒進攪拌盆，用高速的攪拌機打發，確實打發後改用低速，直接攪拌冷卻至28℃。
5 把A放進鍋裡，加熱至117℃（糖漿）。把蛋白放進另一個攪拌盆，用攪拌機打發，一邊加入糖漿，進一步打發，製作成義式蛋白霜。
6 把鮮奶油放進鋼盆，打發成7分發，把5倒入，用橡膠刮刀混拌。
7 把4倒進2裡面，用橡膠刮刀混拌，接著再進一步倒入6混拌。

覆面白巧克力

材料（容易製作的份量）

白巧克力 …… 400g
可可脂 …… 20g
清澄奶油 …… 160g
巧克力用色素（白）…… 20g

＊巧克力用色素預先融化備用。

製作方法

1 把白巧克力融化，加入巧克力用色素和可可脂混拌。
2 把清澄奶油調整成與1相同的溫度，倒進1裡面，用攪拌器攪拌均勻。

藍莓淋醬

材料（容易製作的份量）

鏡面果膠（HARMONY SUBLIMO NEUTRE）…… 200g
藍莓果粒果醬（參考下列）…… 20g

製作方法

把所有的材料混在一起。

藍莓果粒果醬

材料（容易製作的份量）

藍莓 …… 500g
A ⌈ 精白砂糖 …… 250g
　└ 水 …… 63g
檸檬汁 …… 10g
鏡面果膠（HARMONY CLASSIC NEUTRE）…… 42g

製作方法

1 把A放進鍋裡，加熱至117℃。
2 把藍莓倒入1裡面，持續加熱，中途加入檸檬汁，持續熬煮至白利糖度58%。
3 加入鏡面果膠，再次煮沸，放涼。

其他

藍莓

✦ 組合 ✦

1 把少量的乳酪慕斯擠進直徑約7cm的花形矽膠模型裡面，放上糖粉奶油細末，按壓至底部。
2 在1的上面擠上乳酪慕斯，把糖漬藍莓果凍壓入，再次擠上乳酪慕斯至平滿，冷凍。
3 把2脫模，在上面塗抹藍莓淋醬，放進冰箱冷卻凝固。
4 用竹籤把3插起來，放進36℃的覆面巧克力裡面，沉浸至邊緣部分，然後瀝掉多餘的部分，最後在上面裝飾藍莓。

蒂托

昆布智成

以讓人聯想到黑莓的紅色果實香氣
與帶有辛辣味的巧克力為主軸。
利用辛香料和MARC白蘭地增添巧克力的濃郁風味，
利用黑莓果凍給予水嫩口感。巧克力香緹鮮奶油運用
與莓果相當契合的紅茶風味，實現味道融合的效果。

〔主要構成要素〕
（下起）巧克力彼士裘
伊海綿蛋糕、Sierra
Nevada甘納許、巧克力
香緹鮮奶油、黑莓
（內餡）MARC甘納
許、香料奶油醬、黑莓
果凍
（Sierra Nevada甘納許
外圍）巧克力淋醬

MARC甘納許

材料（容易製作的份量）

A ┌ 鮮奶油（35%）…… 100g
　└ 水飴 …… 20%
牛奶巧克力 …… 180g
MARC …… 20g

製作方法

1　把A放進鍋裡煮沸。
2　把巧克力放進鋼盆，加入1，用打蛋器攪拌乳化。
3　加入MARC混拌。

香料奶油醬

材料（容易製作的份量）

　┌ 牛乳 …… 240g
　│ 鮮奶油（35%）…… 100g
A │ 香草豆莢 …… 3/10支
　│ 肉桂 …… 2支
　└ 零陵香豆 …… 1個
B ┌ 蛋黃 …… 60g
　└ 精白砂糖 …… 20g
牛奶巧克力 …… 115g

製作方法

1 把A放進鍋裡煮沸，關火，蓋上鍋蓋，靜置20分鐘，釋放出風味。
2 把B放進鋼盆，用打蛋器摩擦攪拌，把1過濾到鋼盆裡混拌。倒回鍋裡，關火，攪拌烹煮至產生濃稠度。
3 把巧克力放進鋼盆，加入3攪拌乳化。

黑莓果凍

材料（容易製作的份量）

A ┌ 黑莓果泥 …… 110g
　├ 覆盆子果泥 …… 45g
　└ 精白砂糖 …… 35g
明膠片 …… 2.5g

製作方法

1 把A放進鍋裡煮沸。
2 關火，倒入明膠攪拌融解。
3 隔著冰水攪拌冷卻。

Sierra Nevada甘納許

材料（容易製作的份量）

A ┌ 鮮奶油（35%）…… 500g
　├ 牛乳 …… 140g
　├ 轉化糖漿 …… 50g
　└ 精白砂糖 …… 65g
黑巧克力（64%·Sierra Nevada）…… 370g
奶油 …… 80g

製作方法

1 把A放進鍋裡煮沸，讓轉化糖漿和精白砂糖融解。
2 把巧克力放進鋼盆，把1倒入，用打蛋器攪拌乳化。
3 倒入奶油攪拌乳化。

巧克力彼士裘伊海綿蛋糕

＊參考p.76。用直徑4cm的圓形圈模壓切成型。

酒糖液

材料（容易製作的份量）

波美30°糖漿 …… 30g
MARC …… 30g

製作方法

把所有材料混合。

巧克力淋醬

材料（容易製作的份量）

A ┌ 水 …… 500g
　├ 精白砂糖 …… 600g
　├ 水飴 …… 500g
　└ 煉乳 …… 470g
明膠片 …… 3.5g
黑巧克力（64%·Sierra Nevada）…… 800g

製作方法

1 把A混在一起，放進鍋裡煮沸。
2 關火，倒入明膠，用打蛋器攪拌融解。
3 把切碎的巧克力放進鋼盆，倒入2攪拌融解。

巧克力香緹鮮奶油

材料（容易製作的份量）

鮮奶油（35%）…… 150g
紅茶茶葉 …… 20g
牛奶巧克力 …… 100g

製作方法

1 把鮮奶油放進鍋裡煮沸，關火，倒入紅茶茶葉，蓋上鍋蓋，靜置10分鐘，讓風味釋出。
2 把巧克力放進鋼盆，把1過濾到鋼盆，用打蛋器攪拌乳化。蓋上保鮮膜，放進冰箱冷藏一晚。
3 用8mm的圓形花嘴，把2擠出成直線狀，冷凍。切成長度4cm。

其他

黑莓、金箔

⊰ 組合 ⊱

1 依照MARC甘納許6mm、香料奶油醬8mm、黑莓果凍6mm的順序，倒進直徑3cm高2cm的圓形圈模，冷凍。
2 把Sierra Nevada甘納許擠進直徑4.5cm的扁球形矽膠模型至八分滿，把脫模的1，黑莓果凍朝下壓入中央，再進一步把Sierra Nevada甘納許擠入，用抹刀抹平。
3 疊放上拍打了酒糖液的巧克力彼士裘伊海綿蛋糕，冷凍。
4 把3脫模，巧克力彼士裘伊海綿蛋糕朝下，放在鐵網上，淋上加熱至40℃的巧克力淋醬。
5 加上巧克力香緹鮮奶油、黑莓，裝飾上金箔。

黑莓閃電泡芙

中山洋平

以具有「獨特中性風味」的黑莓為主角。
直接誘出黑莓味道的庫利，和混有大量果泥的香緹鮮奶油，
襯托出素材口感，同時把酸奶油混進輕奶油醬裡面，
利用溫和的酸味營造出輕盈的印象。

〔主要構成要素〕
（下起）法式泡芙麵糊、輕奶油醬、黑莓庫利、黑莓、黑莓香緹鮮奶油、黑莓

法式泡芙麵糊

材料（15個）

A
牛乳 …… 100g
水 …… 100g
奶油 …… 100g
精白砂糖 …… 6g
鹽巴 …… 2g

低筋麵粉 …… 120
全蛋 …… 約4個
酥餅碎◆ …… 適量

＊低筋麵粉過篩備用。

◆酥餅碎…把低筋麵粉115g、色粉（紅色2號）0.8g、杏仁粉100g、精白砂糖100g、發酵奶油100g放進食物調理機攪拌，攪拌均勻後，用OPP膜夾著，將厚度擀壓成2mm，冷凍後，將尺寸切成13.5cm×2cm。

製作方法

1 把A放進鍋裡煮沸。
2 加入低筋麵粉，用打蛋器混拌。持續翻炒直到麵糊不會沾黏鍋緣的程度。
3 把2倒進攪拌盆，逐次加入少量的全蛋，用攪拌機的拌打器攪拌。
4 把3放進裝有直徑1.2cm的12齒星形花嘴的擠花袋，在鋪有透氣烤盤墊的烤盤上面擠出寬2cm×長13.5cm的尺寸。
5 把酥餅碎鋪在上面，用上火190℃、下火170℃的平窯烤35分鐘，轉移到110℃～120℃的熱對流烤箱，乾烤25分鐘左右。

輕奶油醬

材料（15個）

甜點奶油醬◆ …… 300g
香緹鮮奶油（加糖8%）…… 30g
酸奶油 …… 132g

◆甜點奶油醬…把牛乳500g、香草豆莢1/2支放進鍋裡煮沸（a）。把20%加糖蛋黃96g、精白砂糖74g、低筋麵粉40g放進鍋裡，用打蛋器充分攪拌，把a倒入攪拌，倒回鍋裡，一邊加熱攪拌，烹煮完成後，放涼。

製作方法

把所有材料混合。

黑莓庫利

材料（15個）

黑莓果泥 …… 450g
精白砂糖 …… 72g
玉米澱粉 …… 18g

製作方法

1 把所有材料放進鍋裡，充分混拌，一邊加熱攪拌，烹煮至產生光澤和濃稠的程度。
2 把1的厚度擀壓成1cm，冷凍。
3 把尺寸切成1.5cm×12cm。

黑莓香緹鮮奶油

材料（15個）

香緹鮮奶油（加糖8%・9分發）…… 300g
黑莓果泥 …… 166g

製作方法

把香緹鮮奶油放進鋼盆，加入黑莓果泥，用打蛋器混拌。

其他

黑莓、金箔

✦ 組合 ✦

1 從底部把法式泡芙麵糊削切成2cm的高度，分成下底和上蓋。
2 把輕奶油醬擠在1的下底，再將黑莓庫利擠在上面，疊放上黑莓。
3 把黑莓香緹鮮奶油放進裝有星形花嘴的擠花袋，等距擠在2黑莓庫利的周圍，黑莓庫利和黑莓上面也要擠。
4 重疊上麵糊，在中央擠出少量的黑莓香緹鮮奶油，放上黑莓，裝飾上金箔。

紅醋栗帕芙洛娃

渡邊世紀

為了運用紅醋栗的酸味和恰到好處的苦味，不採用高溫烹煮果實，
而是以隔水加熱的方式誘出果汁，利用素材本身的果膠和極少量的明膠製作成果凍。
把蛋白霜的甜味、香草的香甜味、
馬斯卡彭起司和烤布蕾的濃郁結合在一起，享受酸甜滋味的調和。

〔主要構成要素〕
（下起）香草蛋白霜餅乾、
馬斯卡彭起司奶油醬、香草
布蕾、紅醋栗果凍

香草蛋白霜餅乾

材料（20個）
蛋白 …… 120g
精白砂糖 …… 113g
A ┌ 精白砂糖 …… 125g
  └ 香草豆莢的粉末 …… 2g
＊A混合備用。

製作方法

1 把蛋白放進攪拌盆，用攪拌機打發，中途將精白砂糖113g分成3次加入，製作成硬挺的蛋白霜。
2 把A分成2次倒入1裡面，用橡膠刮刀慢慢混拌。
3 把2放進裝有星形花嘴的擠花袋裡面，在鋪有烘焙紙的烤盤擠出直徑7cm的圓形，直接擠出緊密的螺旋狀至中央（作為底部）。把2擠在邊緣上面，擠出1圈（呈現出中央凹陷的容器狀）。
4 用100℃的平窯乾烤90分鐘，在營業後熱氣殘留的窯中放置一晚。

紅醋栗果凍

材料（25個）
A ┌ 紅醋栗 …… 500g
  └ 精白砂糖 …… 190g
檸檬汁 …… 12g
麝香葡萄酒 …… 12g
明膠片 …… 8g

製作方法

1 把A放進鋼盆，蓋上保鮮膜，用剛煮沸的熱水隔水加熱30分鐘。
2 先把1隔水加熱的鋼盆移開，再次把熱水煮沸，關火，再次將鋼盆隔水加熱30分鐘。
3 用過濾網把2的紅醋栗過篩，連同鋼盆內殘留的液體一起倒進鍋裡。加入檸檬汁，加熱至60℃，加入明膠攪拌融解，放涼。
4 加入麝香葡萄酒攪拌，冷卻至20℃。
5 在直徑4.5cm的圓形圈模底部套上保鮮膜，用橡皮筋固定，把4倒進圓形圈模裡面，冷凍。

香草布蕾

材料（直徑4cm×深度2cm的圓形矽膠模型48個）
鮮奶油（35％）…… 446g
香草豆莢 …… 1/4支
A ┌ 蛋黃 …… 55g
  │ 精白砂糖 …… 46g
  └ 海藻糖 …… 13g

製作方法

1 把鮮奶油和剖開的香草豆莢放進鍋裡煮沸。
2 把A放進鋼盆，用打蛋器攪拌至泛白程度。
3 把1倒進2裡面混拌，倒進模型裡面至一半高度，用100℃ VAPEUR的蒸氣熱對流烤箱烤10分鐘。放涼，冷凍。

馬斯卡彭起司奶油醬

材料（8個）
馬斯卡彭起司 …… 132g
鮮奶油（35％）…… 90g
鮮奶油（45％）…… 60g
精白砂糖 …… 18g

製作方法

把所有材料放進攪拌盆，用攪拌機打發成7分發。

其他

鏡面果膠（MIROIR NEUTRE）、紅醋栗

✤ 組合 ✤

1 把馬斯卡彭起司奶油醬放進裝有星形花嘴的擠花袋裡面，在香草蛋白霜餅乾的底部擠上少量。疊放上脫模的香草布蕾，用手指輕輕壓入。
2 在香草布蕾的上面擠上少量的馬斯卡彭起司奶油醬，疊放上脫模的紅醋栗果凍。在紅醋栗果凍的上面淋上鏡面果膠。
3 在香草蛋白霜餅乾的邊緣擠上幾圈馬斯卡彭起司奶油醬，在比紅醋栗果凍略高的位置停下來。裝飾上紅醋栗。

繡球花塔

金井史章

使用大量正值產季的新鮮黑醋栗，享受初夏的片刻美味。
同時享受黑醋栗的強烈酸甜和起司奶油醬的濃郁。
起司奶油醬的甜味，來自為了帶出起司風味而少量添加的煉乳。

〔主要構成要素〕
（下起）甜塔皮、料糊、果粒果醬、香緹起司奶油醬（起司奶油醬外圍）黑醋栗、白醋栗、旱金蓮的葉子、香雪球的花

料糊

材料（容易製作的份量）

A
- 奶油起司 …… 350g
- 檸檬汁 …… 100g

B
- 鮮奶油（42%）…… 100g
- 全蛋 …… 225g
- 精白砂糖 …… 140g
- 海藻糖 …… 35g
- 香草醬 …… 10g

製作方法

1 把A放進鋼盆，用橡膠刮刀混拌。
2 把B放進另一個鋼盆，用打蛋器混拌。
3 把2倒進1裡面，用橡膠刮刀混拌。

甜塔皮

材料（容易製作的份量）

A
- 奶油 …… 90g
- 糖粉 …… 50g

全蛋 …… 26g

B
- 杏仁粉 …… 18g
- 低筋麵粉 …… 130g
- 鹽巴 …… 0.4g

＊B混合過篩備用。

製作方法

1 把A放進攪拌盆，用攪拌機的拌打器攪拌均勻，慢慢加入全蛋，一邊攪拌乳化。
2 把B倒進1裡面，用橡膠刮刀輕輕混拌，用保鮮膜包起來，放進冰箱冷藏一晚。

香緹起司奶油醬

材料（容易製作的份量）

A
- 奶油起司 …… 100g
- 檸檬汁 …… 15g
- 煉乳 …… 20g

鮮奶油（42%）…… 120g

製作方法

1 把A放進鋼盆混合，用橡膠刮刀充分混拌。
2 把鮮奶油打發成8分發，分2～3次倒進1裡面混拌。

果粒果醬

材料（容易製作的份量）

A
- 黑醋栗果泥 …… 100g
- 檸檬汁 …… 5g

B
- 精白砂糖 …… 40g
- NH果膠 …… 1.5g

＊B充分混合備用。

製作方法

1 把A放進鍋裡，加熱至40℃。
2 把B倒進1裡面，充分攪拌加熱，完全沸騰後，關火，放涼。

其他

黑醋栗、白醋栗、香雪球的花、旱金蓮的葉子、鏡面果膠

⫸ 組合 ⫷

1 把甜塔皮擀壓成厚度2.5mm，填進直徑6.5cm高度1.7cm的法式塔圈裡面，用180℃的烤箱空烤10～15分鐘，放涼。
2 把料糊倒進1裡面，用180℃的烤箱烤10分鐘，放涼。
3 把果粒果醬塗抹在2的料糊表面，將香緹起司奶油醬擠成圓頂狀。
4 在3的香緹起司奶油醬的表面鋪滿黑醋栗，在部分位置換成白醋栗。抹上鏡面果膠，裝飾上香雪球的花和旱金蓮的葉子。

乳酪黑醋栗麵包

中山洋平

用黑醋栗風味的牛奶麵包，把黑醋栗的起司奶油醬夾起來。
奶油醬可以常溫保存，就製作成陳列在冷藏櫃上的甜點麵包形象。
使用與黑醋栗十分對味的栗子，藉此增加風味的層次感，
再用椰子細粉增加口感的強弱。

〔主要構成要素〕
（下起）生麵團、奶油醬、糖漬栗子、乾藍莓（上面還有生麵團）
（麵包表面）椰子細粉

生麵團

材料（25個）
高筋麵粉 …… 100g
中筋麵粉 …… 400g
精白砂糖 …… 60g
鹽巴 …… 10g
脫脂牛奶 …… 10g
煉乳 …… 50g
A ┌ 鮮奶油（35%）…… 50g
　│ 牛乳 …… 140g
　└ 黑醋栗果泥 …… 100g
全蛋 …… 60g
半乾酵母 …… 4g
發酵奶油 …… 65g

＊A預先加熱，讓步驟1揉捏的溫度可以達到22℃。

製作方法
1 把所有材料放進攪拌盆，用攪拌機的攪拌勾持續攪拌，試著拉扯麵團，只要麵團能形成薄膜（形成麩質為止）就完成了。揉捏的溫度為22℃。
2 把1移到到烤盤，在常溫下發酵1小時。
3 把2的麵團折疊起來，然後捶打，並在常溫下放置30分鐘。
4 把3分成1個40g，搓圓，排放在烤盤裡面，放置15分鐘。
5 把4的麵團重新搓圓，排放在烤盤上，用焙爐（溫度28℃、濕度78%）發酵約2小時。
6 用上火220、下火170℃的平窯烤18～22分鐘。

奶油醬

材料（25個）
NEW打發乳酪（STMORET）…… 720g
黑醋栗果泥 …… 132g
糖粉 …… 67g
栗子醬 …… 31g

製作方法
把所有材料混合，放進冰箱冷藏一晚。

黑醋栗酒糖液

材料（25個）
波美30°糖漿 …… 60g
黑醋栗果泥 …… 45g
水 …… 20g

製作方法
把所有材料混合在一起。

其他

椰子細粉、糖漬栗子、乾藍莓、食用花

✦ 組合 ✦

1 把波美30°糖漿（份量外）塗抹在麵包整體，沾上椰子細粉。
2 在距離底部2.5cm高的位置，把1切開，分成下底和上蓋。將酒糖液拍打在下底麵團。
3 把鮮奶油放進裝有星形花嘴的擠花袋，擠在2的下底麵團的上面，再把上蓋麵團疊放在上方。
4 在鮮奶油上面裝飾上糖漬栗子、乾藍莓，再裝飾上食用花。

小紅莓與賓櫻桃的
小玻璃杯

金井史章

搭配「和核果十分速配」，帶有杏仁香味的法式奶凍和賓櫻桃，
利用櫻桃澀味（多酚）之間的共通點，
再層疊上小紅莓和紅紫蘇的風味，
讓清爽的味道更有層次感。
再利用穗紫蘇增添新鮮香氣。

〔主要構成要素〕
（下起）法式奶凍、櫻桃酒
漬小紅莓、賓櫻桃、紅紫蘇
果凍、酸櫻桃香緹鮮奶油、
穗紫蘇

法式奶凍

材料（50個）
牛乳 …… 1500g
杏仁奶（冰冷）…… 1000g
鮮奶油（35%）…… 700g
杏仁香甜酒 …… 50g
明膠片 …… 35g

製作方法

1　把牛乳放進鍋裡加熱，沸騰後關火，加入明膠，
　　用橡膠刮刀攪拌融解。加入杏仁奶充分攪拌，進
　　一步加入杏仁香甜酒混拌。
2　把1隔著冰水，持續攪拌冷卻直到產生濃稠度。
3　把鮮奶油打成6分發（有稠度，但滴落的痕跡會瞬
　　間消失），倒進2裡面，用橡膠刮刀撈拌，倒進
　　直徑約6cm×高度約8cm的玻璃杯內，放進冰箱
　　冷卻凝固。

櫻桃酒漬小紅莓

材料（容易製作的份量）
乾燥小紅莓 …… 500g
櫻桃酒 …… 250g

製作方法

把小紅莓放進鋼盆，倒進櫻桃酒，靜置一晚以上。

紅紫蘇果凍

材料（容易製作的份量）
水 …… 850g
紅紫蘇 …… 150g
精白砂糖 …… 150g
檸檬汁 …… 50g
瓊脂F …… 7g

製作方法

1　把水放進鍋裡煮沸，加入紅紫蘇，撈掉浮渣，烹
　　煮10分鐘。
2　把1過濾，把精白砂糖、檸檬汁、瓊脂倒進液體裡
　　面混拌。倒進容器，放涼，放進冰箱冷卻凝固。

酸櫻桃香緹鮮奶油

材料（容易製作的份量）
A 　酸櫻桃果粒果醬（參考下列）…… 35g
　　鮮奶油（42%）…… 220g

製作方法

把A放進鋼盆，用打蛋器混拌，打發成容易脫模成紡
錘造型的硬度。

酸櫻桃果粒果醬

材料（容易製作的份量）
A 　冷凍酸櫻桃 …… 1500g
　　酸櫻桃果泥 …… 1500g
　　精白砂糖 …… 1500g
檸檬汁 …… 200g
LM果膠 …… 48g
※果膠和一部分的精白砂糖混拌備用。

製作方法

1　把A放進鍋裡加熱，溫度達到40℃後，倒入果膠
　　充分攪拌，持續烹煮直到產生濃稠度。
2　倒入檸檬汁混拌。

其他

賓櫻桃、穗紫蘇

✦ 組合 ✦

1　把瀝乾的櫻桃酒漬小紅莓放在用玻璃杯冷卻凝固
　　的法式奶凍上面，再疊放上紅紫蘇果凍。
2　把切開並去除籽的賓櫻桃放入。讓剖面接觸玻
　　璃杯的側面。
3　再次放上紅紫蘇果凍，放上脫模成紡錘的酸櫻桃
　　香緹鮮奶油，裝飾上穗紫蘇。

燈籠果

渡邊世紀

食用酸漿的鮮明酸味讓人聯想到草莓，
用食用酸漿來製作經典的法式草莓蛋糕。
渡邊先生說，「淡淡的辛辣味也很適合搭配奶油糖霜」。
利用充滿金盞花香氣的酒糖液，和杏仁香甜酒、
白蘭地的風味營造出更濃厚的層次感。

〔主要構成要素〕
（下起）杏仁傑諾瓦士海綿蛋糕、慕斯林
奶油醬、食用酸漿、杏仁傑諾瓦士海綿蛋
糕、鏡面果膠

杏仁傑諾瓦士海綿蛋糕

材料（60cm×40cm的方形模1個）

A ┌ 杏仁粉 …… 164g
　└ 糖粉 …… 83g
蛋白 …… 55g
全蛋 …… 1080g
精白砂糖 …… 360g
低筋麵粉 …… 540g
奶油 …… 180g

＊低筋麵粉過篩備用。＊奶油融解備用。

製作方法

1 把A混在一起，過篩到鋼盆，加入蛋白，用橡膠刮刀混拌，製作生杏仁霜。
2 把1放進攪拌盆，分多次加入全蛋，一邊用橡膠刮刀攪拌均勻。加入精白砂糖，隔水加熱，持續加熱至40℃。
3 用高速的攪拌機把2打發，確實打發後，改用低速，再進一步攪拌10分鐘，調整質地。
4 把低筋麵粉和奶油倒進3裡面，用橡膠刮刀混拌。
5 把方形模放在舖有矽膠墊的烤盤上面，倒入4，用160℃的烤箱烤20分鐘左右，放涼。

慕斯林奶油醬

材料（8cm×25cm×5cm的方形模1個）

奶油醬（參考下列）…… 218g
甜點師奶油醬◆ …… 82g

◆甜點師奶油醬…把牛乳1000g和香草豆莢1支放進鍋裡加熱（A）。把蛋黃160g、精白砂糖180g放進鍋盆，用打蛋器摩擦攪拌，倒入低筋麵粉90g混拌，把A過濾，混拌。倒回鍋裡加熱，一邊攪拌，持續烹煮直到低筋麵粉斷筋。

製作方法

把奶油醬的溫度調整為18℃，甜點師奶油醬的溫度調整成21℃，混合攪拌。

慕斯林奶油醬

材料（容易製作的份量）

牛乳 …… 150g
A ┌ 精白砂糖 …… 150g
　└ 蛋黃 …… 118g
B ┌ 蛋白 …… 82g
　└ 精白砂糖 …… 14g
C ┌ 水 …… 54g
　└ 精白砂糖 …… 162g
奶油 …… 626g

＊奶油恢復至髮蠟狀備用。

製作方法

1 把牛乳放進鍋裡煮沸。
2 把A放進鋼盆，用打蛋器摩擦攪拌。倒入1混拌，倒回鍋裡加熱，一邊攪拌，持續烹煮至溫度82℃。
3 把2過濾到攪拌盆，用攪拌機的拌打器攪拌，冷卻至45℃。

4 把C放進鍋裡，加熱至117℃（糖漿）。把B倒進另一個攪拌盆，用攪拌機打發，一邊倒入糖漿，進一步打發製作成義式蛋白霜，持續攪拌，冷卻至30℃。
5 把奶油分多次倒入3裡面，一邊用拌打器攪拌乳化。
6 把4分成2次倒入5，用橡膠刮刀攪拌，放進冰箱靜置30分鐘。

酒糖液

材料（8cm×25cm×5cm的方形模1個）

水 …… 300g
A ┌ 乾燥金盞花 …… 3g
　└ 香草豆莢的豆莢粉末 …… 0.5g
B ┌ 樹膠糖漿（參考p.33酒糖液）…… 200g
　│ 白蘭地 …… 13g
　└ 杏仁香甜酒 …… 13g

製作方法

1 把水放進鍋裡煮沸，關火，把A倒入，蓋上鍋蓋，靜置3分鐘，釋放出風味，過濾。
2 把266g的1和B混合在一起。

其他

食用酸漿（每個約10～12粒）、鏡面果膠（用黃色和紅色製作成橘色的SUBLIMO NEUTRE）

✦ 組合 ✦

1 把1cm高的厚度控制尺平貼在杏仁傑諾瓦士海綿蛋糕旁邊，切成2片。在上下重疊的狀態下，切成每個8cm×25cm的尺寸。
2 在1的底層海綿蛋糕的切片剖面拍打酒糖液，放進8cm×25cm的方形模裡面。
3 把慕斯林奶油醬放進裝有9mm圓形花嘴的擠花袋裡面，擠在2的上方，用抹刀把碰觸到方形模的慕斯林奶油醬抹平至方形模的一半高度。
4 把食用酸漿從袋子取出，排放在3的慕斯林奶油醬的上面，避免碰觸到方形模。
5 把慕斯林奶油醬擠在4的上面，用刮板抹平。慕斯林奶油醬預先把擠出的份量預留在6的上面。
6 把酒糖液拍打在1的上層海綿蛋糕的切片剖面，疊放在5的上面，把剩餘的慕斯林奶油醬擠出，用抹刀抹平，放進冰箱冷卻凝固。
7 把鏡面果膠塗抹在上面，拿掉方形模，切成9等分，裝飾上切好的食用酸漿（份量外）。

莓果希布斯特塔

金井史章

使用莓果和大黃根,利用其酸味和水嫩感,
把具有份量感的希布斯特奶油醬和克拉芙緹製作成輕盈口感。
希布斯特奶油醬的莓果,採用莓果當中獨具酸味的覆盆子和紅醋栗,
再搭配大黃根,克拉芙緹使用草莓,整體都是滿滿的莓果感。

〔主要構成要素〕
（下起）甜塔皮、克拉芙緹
料糊、糖漬大黃根、莓果希
布斯特奶油醬（將表面焦糖
化）、覆盆子
（內餡）糖漬大黃根

甜塔皮
＊參考p.95繡球花塔。

克拉芙緹料糊

材料（80個）

A ┌ 全蛋 ⋯⋯ 500g
  └ 精白砂糖 ⋯⋯ 250g
B ┌ 鮮奶油（35%）⋯⋯ 200g
  │ 混合奶油 ⋯⋯ 350g
  └ 牛乳 ⋯⋯ 470g

製作方法
1 把A放進鋼盆，用打蛋器攪拌不打發，切斷雞蛋的蛋筋。
2 把B倒進1裡面攪拌均勻，過濾。

糖漬大黃根

材料（容易製作的份量）

A ┌ 冷凍草莓 ⋯⋯ 1000g
  └ 冷凍大黃根 ⋯⋯ 2000g
精白砂糖 ⋯⋯ 270g
覆盆子果泥 ⋯⋯ 500g
蜂蜜 ⋯⋯ 270g

製作方法
1 把A放進鋼盆混合，等待釋出水分。
2 把剩餘的材料和1放進鍋裡，攪拌加熱，持續烹煮至材料完全軟爛，放涼。

莓果希布斯特奶油醬

材料（直徑55mm×高度40mm的圓形圈模20個）

A ┌ 大黃根果泥 ⋯⋯ 100g
  │ 紅醋栗果泥 ⋯⋯ 100g
  └ 覆盆子果泥 ⋯⋯ 175g
B ┌ 蛋黃 ⋯⋯ 100g
  │ 精白砂糖 ⋯⋯ 60g
  │ 海藻糖 ⋯⋯ 30g
  └ 低筋麵粉 ⋯⋯ 40g
明膠片 ⋯⋯ 18g
櫻桃酒 ⋯⋯ 40g
C ┌ 精白砂糖 ⋯⋯ 200g
  └ 水 ⋯⋯ 70g
蛋白 ⋯⋯ 100g

製作方法

1

把A放進鍋裡混合煮沸。7也同步進行作業，配合6和7完成的時間。

2

把B倒進調理盆混拌。

3

把1倒進2裡面混拌。

4

把3倒回鍋裡，一邊攪拌加熱。進入步驟5的時候，麵糊的黏性會隨著水分流失而變強，因此，要確實攪拌，避免鍋底沾黏。

5

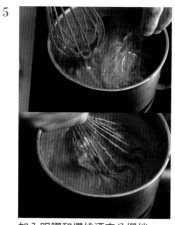

加入明膠和櫻桃酒充分攪拌。

6

烹煮完成後，倒進鋼盆。

7

把C混進鍋裡加熱，製作成溫度達120℃的糖漿。用攪拌機把蛋白打發，慢慢加入糖漿，再進一步打發，製作成硬挺的蛋白霜。

8

趁6還溫熱的時候，把7的一部分倒入，用打蛋器混拌均勻。

9

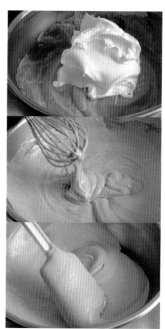

加入剩餘的7，在避免擠壓氣泡的情況下混拌。用橡膠刮刀撈拌均勻。

糖漬大黃根（內餡用）

材料（SilikoMart SF027，2片份量）

A ⌈ 草莓 …… 140g
  ⌊ 大黃根 …… 240g
精白砂糖 …… 42g
B ⌈ LM果膠 …… 7g
  ⌊ 精白砂糖 …… 10g
檸檬汁 …… 10g

＊B混合備用。

製作方法

1 把A切成細碎，放進鍋裡，倒入精白砂糖42g，撒滿整體。
2 把1加熱，溫度達到40℃後，倒入B混拌，煮沸。
3 A維持沒有煮爛的程度，關火，倒入檸檬汁混拌，倒進模型裡面，冷凍。

其他

細蔗糖、乾燥草莓粉、糖粉、覆盆子、鏡面果膠、食用花

❖ 組合 ❖

1 把甜塔皮的厚度擀壓成2.5mm，填進直徑6.5×高度1.7cm的法式塔圈裡面，用180℃的烤箱空烤10～15分鐘，放涼。

2

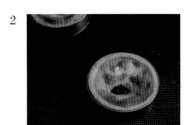

把糖漬大黃根（烘烤用）裝進1裡面，克拉芙緹料糊倒入至9分滿，用180℃的烤箱烤25分鐘，放涼。

3

把莓果希布斯特奶油醬擠進直徑5.5×高度4cm的圓形圈模裡面，把糖漬大黃根埋進比平滿略低的位置。

4

把莓果希布斯特奶油醬擠在3的上面，用抹刀抹平，冷凍。

5 用濾茶器把糖粉和草莓粉撒在2上面，把拿掉圓形圈模的4疊放在上面，把細蔗糖撒在4上面，用瓦斯噴槍焦糖化。

6 放上覆盆子，把鏡面果膠塗抹在覆盆子上面，裝飾上食用花。

小花（Fleurette）

昆布智成

以充滿韻味的花卉為形象，搭配上紅色果實、
荔枝、柑橘、玫瑰等，充滿奢華風味的小蛋糕。
內餡以森林草莓的輕微黏膩甜味為重點，
利用覆盆子和柑橘的酸味製作出輕盈印象。

〔主要構成要素〕
（下起）法式甜塔皮、莓果
慕斯、覆盆子
（內餡）柑橘奶油醬、糖漬
莓果
（周圍）淋醬

柑橘奶油醬

材料（容易製作的份量）

A ┌ 檸檬汁 …… 300g
  └ 柳橙汁 …… 200g
B ┌ 全蛋 …… 500g
  └ 精白砂糖 …… 425g
明膠片 …… 2.5g
奶油 …… 700g

製作方法

1 把A放進鍋裡煮沸。
2 把B放進鋼盆，用打蛋器摩擦攪拌，把1倒入混拌，倒回鍋裡攪拌加熱。
3 2煮沸後，關火，倒入明膠片攪拌溶解。
4 加入奶油，攪拌乳化。

糖漬莓果

材料（容易製作的份量）

A ┌ 冷凍覆盆子碎粒 …… 50g
  │ 冷凍森林草莓 …… 58g
  │ 精白砂糖 …… 15g
  └ 檸檬汁 …… 5g
明膠片 …… 1g
荔枝利口酒 …… 3g

製作方法

1 把A放進鍋裡煮沸。
2 關火，倒入剩餘的材料混拌，明膠溶解，放涼。

莓果慕斯

材料（10個）

A ┌ 覆盆子果泥 …… 55g
  │ 紅醋栗果泥 …… 40g
  │ 荔枝果泥 …… 14g
  └ 精白砂糖 …… 20g
明膠片 …… 5g
B ┌ 鮮奶油（35%）…… 150g
  └ 玫瑰糖漿（Monin）…… 7g

製作方法

1 把A放進鍋裡加熱，讓精白砂糖融解。
2 關火，加入明膠，用打蛋器混拌，隔著冰水攪拌，放涼。
3 把B放進鋼盆混拌，製作成8分發。
4 把2的1/3份量倒進3，用打蛋器攪拌均勻，倒入剩餘的2撈拌，最後用橡膠刮刀撈拌均勻。

淋醬

材料（容易製作的份量）

白巧克力（Cacao Barry · Superieure Zephyr）
…… 150g
A ┌ 水 …… 65g
  │ 鮮奶油（35%）…… 50g
  └ 水飴 …… 3g
B ┌ 精白砂糖 …… 20g
  └ LM果膠 …… 2g
紅色粉 …… 少量
＊B混合備用。

製作方法

1 把A放進鍋裡混合，加熱至溫度40～50℃。
2 把B倒進1裡面，用打蛋器充分攪拌煮沸。
3 把融化的白巧克力放進鋼盆，加入2、紅色粉攪拌乳化。

法式甜塔皮

＊參考p.20。把厚度擀壓成2mm，用8cm×2cm的橢圓形壓切成型，用160℃的熱對流烤箱烤15分鐘，放涼。

其他

覆盆子、鏡面果膠、食用花

⤙ 組合 ⤚

1 把柑橘奶油醬倒進40cm×20cm的方形模，用抹刀抹平，冷凍。
2 把糖漬莓果倒進1的方形模，用抹刀抹平，用急速冷凍機冷卻。
3 把莓果慕斯倒進長9cm寬3cm的圓柱矽膠模型至6分滿，將2切成7cm×1.5cm，糖漬莓果朝下，按壓至中央。把莓果慕斯擠在上方，抹平，冷凍。
4 把3脫模，放在鐵網上，淋上淋醬。
5 把2放在法式甜塔皮上面，裝飾上切好並塗抹上鏡面果膠的覆盆子、食用花。

繁花盛開的庭院（Jardin Fleuri）

金井史章

以黑莓和穩重且典雅的紫羅蘭香氣為主角，同時再加上薰衣草和天竺葵的香氣，
利用花和小小果實，譜寫出繁花盛開的初夏庭院形象。
內餡的果凍十分水嫩，周邊的慕斯口感輕盈且入口即化，餘韻中殘留下濃郁的香氣。

〔主要構成要素〕
（下起）彼士裘伊海綿蛋糕、柑橘天竺葵慕斯、黑莓奶油醬、三色紫羅蘭（內餡）莓果果凍、布蕾

布蕾

材料（SilikoMart SF027，230個）

混合奶油 …… 500g
明膠片 …… 30g

A ┌ 20%加糖蛋黃 …… 1000g
　│ 精白砂糖 …… 400g
　└ 杏仁醬 …… 200g

鮮奶油（35%）…… 2600g
薰衣草香精 …… 4滴

製作方法

1　把混合奶油加熱，加入明膠融解。
2　把A放進鋼盆，用打蛋器混拌，把1倒入混拌。
3　把鮮奶油倒進2裡面混拌，加入薰衣草香精混拌。讓保鮮膜平貼於表面，放進冰箱冷藏2小時。
4　把3倒進模型裡面至一半高度，用95℃的烤箱烤25分鐘，冷凍。

莓果果凍

材料（300個）

A ┌ 黑莓果泥 …… 1600g
　│ 草莓果泥 …… 600g
　└ 覆盆子果泥 …… 2000g

B ┌ 海藻糖 …… 200g
　└ 精白砂糖 …… 400g

明膠片 …… 82g

C ┌ 冷凍黑莓 …… 1000g
　└ 冷凍黑醋栗 …… 300g

D ┌ 紫羅蘭香精 …… 40滴
　└ 天竺葵香精 …… 2滴

製作方法

1　把A、B放進鍋裡加熱，沸騰後，把C倒入。

2

再次沸騰後，關火，把D倒入混拌，進一步加入明膠攪拌融解。

柑橘天竺葵慕斯

材料（128個）

A ┌ 水 …… 250g
　└ 精白砂糖 …… 730g

蛋白 …… 380g

B ┌ 佛手柑果泥 …… 100g
　│ 粉紅葡萄柚 …… 280g
　└ 紅醋栗汁 …… 250g

明膠片 …… 73g

C ┌ 鮮奶油（35%）…… 1180g
　└ 混合奶油 …… 120g

天竺葵香精 …… 1滴

製作方法

1　把A放進鍋裡加熱，製作成121℃的糖漿。用攪拌機打發，慢慢加入糖漿，進一步打發，製作成義式蛋白霜。

2

把B放進鋼盆，加入天竺葵香精。

3　用微波爐將明膠加熱融解，把2的一部分倒入混拌，倒回2的鋼盆混拌。
4　把3的一部分倒進1裡面，用打蛋器均勻混拌，倒回3的鋼盆混拌，避免擠壓氣泡。
5　C混合後，打發成6分發，倒進4裡面，用打蛋器撈拌。最後用橡膠刮刀均勻撈拌。

彼士裘伊海綿蛋糕

＊參考p.29。用直徑6cm的圓形圈模壓切成型。

酒糖液

材料（容易製作的份量）
波美30°糖漿 …… 200g
水 …… 200g
君度橙酒40° …… 40g

製作方法
把所有材料放進鍋裡加熱，稍微煮沸。

紅醋栗鏡面果膠

材料（容易製作的份量）
A ┌ 鏡面果膠（SUBLIMO NEUTRE）…… 2400g
　│ 波美30°糖漿 …… 400g
　└ 君度橙酒40° …… 140g
紅醋栗果汁 …… 適量

製作方法
把A混在一起加熱，取使用的份量和紅醋栗果汁混合。

黑莓奶油醬

材料（容易製作的份量）
黑莓果粒果醬（參考下列）…… 262g
發泡鮮奶油 …… 1650g

製作方法
1 把黑莓果粒果醬放進鋼盆，加入一部分的發泡鮮奶油，持續用打蛋器攪拌均勻。
2 加入剩下的發泡鮮奶油混拌。

黑莓果粒果醬

材料（容易製作的份量）
A ┌ 黑莓果泥 …… 1000g
　└ 檸檬汁 …… 48g
B ┌ 精白砂糖 …… 400g
　└ NH果膠 …… 16g
＊B混合備用。

製作方法
1 把A放進鍋裡加熱，溫度達到40℃之後，把B倒入，進一步攪拌加熱。
2 沸騰之後，持續烹煮1分鐘，冷卻。

其他

三色紫羅蘭、香雪球的花

❖ 組合 ❖

1 把莓果果凍倒進裝有布蕾的模型至平滿，冷凍。

2

把柑橘天竺葵慕斯擠進SilikoMart SF163模型至8分滿，把脫模的1塞入至高度比平滿略低的位置。

3 在上面擠上慕斯至平滿，疊放上拍打了溫熱酒糖液的彼士裘伊海綿蛋糕，冷凍。

4

把脫模的3放在鐵網上，淋上紅醋栗鏡面果膠大約3圈左右。為了讓步驟5的黑莓奶油醬更容易擠，中央部分不用淋。

5 把黑莓奶油醬放進裝有星形花嘴的擠花袋，在4的上面擠出一定高度。

6 在奶油醬的上面裝飾三色紫羅蘭、香雪球的花。

Chapter

2

———

莓果常溫甜點、
砂糖甜點

草莓派

やまだまり

確實烘烤本地兵庫縣神戶市產的「美味C草莓」，製作成濕潤的塔派。
酸甜的杏仁奶油醬確實吸收了加熱期間滲出的果汁，
再加上外圍的酥脆塔皮，以及加熱濃縮的草莓，營造出更具層次的多重風味。

酥脆塔皮

材料（容易製作的份量）

奶油 …… 100g

A
| 低筋麵粉 …… 150g
| 全麥粉 …… 50g
| 精白砂糖 …… 10g
| 白松露海鹽 …… 3g

B
| 全蛋 …… 1個
| 冷水 …… 15g

＊奶油切成1cm塊狀，冷凍備用。其他的所有材料放進冰箱冷卻備用。
＊B混合備用。

製作方法

1 把A、奶油放進食物調理機，反覆切換開關，持續攪拌直到奶油變成紅豆大小的尺寸（如果沒有食物調理機，就用雙手快速搓揉）。
2 把B少量分次倒進1裡面，每次都像1那樣，以快速切換開關的方式短時間攪拌。整體混拌成團後，用保鮮膜包起來。放進冰箱冷藏1小時以上。

杏仁奶油醬

材料（容易製作的份量）

發酵奶油 …… 45g
奶油 …… 55g
酸奶油 …… 10g
香草醬 …… 少許

A
| 糖粉 …… 70g
| 脫脂牛奶 …… 5g

全蛋 …… 85g
杏仁粉 …… 120g

製作方法

1 把發酵奶油、奶油放進鋼盆，用打蛋器攪拌軟化，加入酸奶油、香草醬混拌均勻。
2 加入A，持續攪拌直到呈現泛白、蓬鬆狀態。
3 把全蛋逐次少量地加入，每次都要充分攪拌乳化後再加入下一次。
4 加入杏仁粉充分混拌。

其他

草莓jam（參考p.129）、草莓（美味C草莓）、杏仁片、開心果、百里香

⮞ 組合 ⮜

1 把150g酥脆塔皮的厚度擀壓成3mm，填進直徑16cm的法式塔圈裡面，用180℃的烤箱空烤15分鐘，放涼。
2 把30g的草莓jam鋪在1的底部，擠入160g的杏仁奶油醬，用抹刀抹平。
3 把草莓排放在2的上面，在周圍裝飾上杏仁片。
4 用170℃的烤箱烤35～40分鐘。一邊觀察狀態，一邊調整烤的時間。如果草莓的水分較多，就拉長時間，較少則縮短時間。在出爐的前5分鐘撒上開心果，出爐後放涼。裝飾上百里香。

草莓磅蛋糕

やまだまり

用烤箱加熱小顆粒的草莓，稍微收乾水分後，再混進麵糊裡面，製作成蛋糕。
讓草莓的水嫩香甜味道和奢華香氣滲透到濕潤的麵糊裡面。
趁新鮮風味尚未消退的時候，盡可能早點吃完。宛如蛋糕般的常溫甜點。

材料（17cm×8cm×高7cm的磅蛋糕模型1個）

草莓（美味C草莓‧小顆粒）…… 200g
奶油 …… 120g
蔗糖 …… 100g
全蛋 …… 100g

A ｜ 低筋麵粉 …… 100g
　 ｜ 高筋麵粉 …… 20g
　 ｜ 泡打粉 …… 3g

＊奶油、全蛋恢復至常溫備用。
＊A混合過篩備用。

製作方法

1　草莓清洗乾淨，將水分瀝乾，切除蒂頭，再切成
　　對半。剖面朝上排在烤盤上，用170℃的烤箱烤
　　10～15分鐘，避免烤焦，讓水分揮發，放涼。

2　把奶油放進鋼盆，用橡膠刮刀攪拌，加入蔗糖，
　　用打蛋器打入空氣，持續攪拌直到呈現泛白狀
　　態。

3　逐次加入少量的全蛋，每次加入都要充分攪拌乳
　　化。

4　把A一口氣倒入，用橡膠刮刀劃切攪拌，直到粉
　　末感消失並呈現光澤。

5　把1倒入，輕輕混拌，讓草莓均勻分布在麵糊裡面
　　（注意避免擠壓草莓，同時要避免過度攪拌）。

6　把5的三分之一份量倒進鋪有紙的模型裡面，拍打
　　模型，讓麵糊更平整。剩餘的麵糊也要倒進模型
　　裡面，同樣進行拍打，讓麵糊更平整，並將表面
　　抹平，用小刀在中央割出深度2cm左右的切口。

7　6先用180℃的烤箱烤15分鐘，接著把溫度調降至
　　170℃，繼續烤30～35分鐘。把竹籤插進麵糊裡
　　面，只要竹籤上面沒有沾上任何麵糊，就可以進
　　行脫模，放涼。

兵庫縣神戶市西區‧竹內農園的「美味C草莓」，「甜味和酸味都很鮮明，水分不會太多，非常適合用來製作常溫甜點」，這便是山田多年來堅持使用的理由。

115

覆盆子塔派

平野智久

把生的覆盆子放進塔皮內，仔細烘烤1小時以上，
充分享受果實濃縮的風味和內餡裡面的多汁水分，
以及烤得酥脆的麵團濃郁風味。

酥餅派皮

材料（直徑15cm的派餅烤模約8個）

奶油 …… 450g
生杏仁霜 …… 330g
蔗糖 …… 100g
低筋麵粉 …… 700g
鹽巴 …… 5g

＊奶油恢復至常溫，讓硬度與生杏仁霜一致。

製作方法

1 把奶油和生杏仁霜放進攪拌機，用攪拌機的拌打器攪拌。注意避免攪拌過度，讓料糊充滿太多空氣。

2 把蔗糖和鹽巴倒進1裡面，進一步攪拌。

3 加入低筋麵粉，攪拌至成團，放進塑膠袋，放進冰箱冷藏1小時以上。

杏仁糊

材料（約8個）

A
- 奶油 …… 400g
- 蔗糖 …… 450g
- 鹽巴 …… 5g

B
- 蛋黃 …… 8個
- 全蛋 …… 2個

杏仁粉 …… 700g

萊姆酒 …… 15g

＊奶油恢復至髮蠟狀備用。
＊B攪拌，恢復至室溫備用。

製作方法

1 把A放進攪拌盆，用橡膠刮刀摩擦攪拌。
2 把1放到攪拌機，把B分多次加入，一邊用拌打器攪拌乳化。注意避免攪拌過度，讓料糊充滿太多空氣。
3 加入杏仁粉和萊姆酒攪拌均勻。

起司料糊

材料（約8個）

奶油起司 …… 500g

A
- 蔗糖 …… 100g
- 鹽巴 …… 2g

B
- 煉乳 …… 25g
- 柳橙果泥 …… 25g

牛乳 …… 30g

全蛋 …… 4個

低筋麵粉 …… 30g

鮮奶油（40％）…… 500g

製作方法

1 把奶油起司放進鋼盆，用橡膠刮刀攪拌軟化。把A倒入，用打蛋器摩擦攪拌。
2 倒入B，確實摩擦攪拌乳化。
3 依序加入牛乳、全蛋，每次都要攪拌均勻。
4 加入低筋麵粉摩擦攪拌，進一步加入鮮奶油攪拌，用細網格過濾器過濾。

碎餅乾

材料（容易製作的份量）

奶油 …… 50g

蔗糖 …… 50g

鹽巴 …… 2g

低筋麵粉 …… 100g

製作方法

1 把所有材料放進食物調理機，均勻混拌後，持續攪拌至成團。
2 把1放進鋼盆，用雙手搓揉成鬆散狀。

其他

覆盆子（20～25粒）、個人偏愛的莓果果醬、混入綜合莓果果泥的鏡面果膠、鮮奶油（40％，加糖6％）

➤ 組合 ◄

1 把酥餅派皮的厚度擀壓成3mm，扎小孔，填進直徑15cm的活底派餅烤模裡面，放進冰箱冷藏20分鐘。
2 把杏仁糊（每個約100～120g）倒在1的酥餅派皮上面，用抹刀抹平。
3 把個人偏愛的莓果醬少量塗抹在2的上面，排滿覆盆子，將起司料糊倒進模型至平滿。
4 在3的上面撒上適量的碎餅乾，放進預熱200℃的烤箱，用175℃烤60分鐘，放涼後，脫模。
5 把混入綜合莓果的鏡面果膠塗抹在4的上面，放進冰箱確實冷卻凝固（切的時候，也可以放進冷凍庫冷凍）。
6 在5的邊緣撒上糖粉，放上確實打發塑型的鮮奶油，再隨附上覆盆子。

麗緻塔

山內ももこ

不會滲進麵糊的覆盆子果醬在烘烤冷卻時
呈現宛如麥芽糖般的非固狀黏稠口感，
製作關鍵就在於熬煮的程度。
麵糊巧妙運用辛香料，
同時再混入核桃，
增添酥香與清脆口感，製作出邊緣酥脆，
內餡略帶濕潤的美味。

果粒果醬

材料（容易製作的份量）
冷凍覆盆子碎粒 …… 1000g
精白砂糖 …… 750g
水飴 …… 250g
果醬基底（Jam Base S）…… 45g
＊Jam Base要預先與精白砂糖的一部分混合備用。

製作方法

1

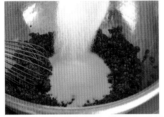

把覆盆子放進銅鍋加熱，半融解，釋出水分後，
倒入精白砂糖和水飴，一邊攪拌加熱。

2

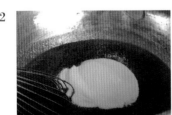

溫度達到50℃後，加入果醬基底，進一步攪拌加
熱，熬煮至白利糖度64％。隨著甜度的升高，沾
黏在銅鍋側面的部分比較容易結晶化，要用橡膠
刮刀一邊把沾黏的部分刮下攪拌。

3

呈現白利糖度64％的狀態。倒進鋼盆，急速冷
卻。

4

冷卻後的狀態。

119

麵糊

材料（直徑18cm的活底派餅烤模3個）

發酵奶油 ⋯⋯ 218.5g

精白砂糖 ⋯⋯ 187.5g

A ⎧ 鹽巴 ⋯⋯ 4.5g
　⎨ 全蛋 ⋯⋯ 68g
　⎩ 牛乳 ⋯⋯ 62.5g

B ⎧ 杏仁粉 ⋯⋯ 156g
　⎨ 蛋糕屑（粉狀）◆ ⋯⋯ 156g
　⎩ 低筋麵粉 ⋯⋯ 156g

肉桂粉 ⋯⋯ 8g

核桃 ⋯⋯ 183g

＊奶油恢復至髮蠟狀備用。
＊A恢復至常溫，混拌備用。
＊B混合備用。
◆蛋糕屑⋯用烤箱把傑諾瓦士海綿蛋糕或巧克力麵糊的邊料烤乾。

製作方法

1　把核桃放進食物調理機，短時間內分多次攪拌，避免油脂滲出，攪碎成粗粒，讓咀嚼的時候能夠感受到顆粒感。

2

用粗網格過濾器過濾，顆粒較大的部分就再次放進食物調理機攪拌成適當大小。

3

把精白砂糖和肉桂粉確實混合攪拌。

4

把奶油放進鋼盆，用打蛋器摩擦攪拌，把3倒入，持續摩擦攪拌均勻。

5
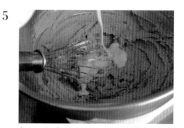
把A分多次加入，一邊攪拌乳化。乳化後，用刮板把鋼盆內側的材料刮乾淨，彙整成團。

6

把B分2次加入，用刮板輕輕劃切混拌。

7

麵團彙整成團後，加入核桃，輕輕劃切混拌。

8

完成。麵糊溫度在20℃左右會比較容易作業。趁溫度還沒有下降的時候，盡快進行後面的組合作業吧！

❖ 組合 ❖

1

把噴霧油薄噴在直徑18cm的活底派餅烤模（份量外），把麵糊（每個約160g）擠在底部。

2

用抹刀抹平，用叉子扎小孔。

3 用155℃的烤箱空烤15分鐘，隱約染上烤色的程度，直接在烤模裡面放涼。

4

把果粒果醬（每個約70g）倒在上方，用抹刀抹平，邊緣留下1cm。

5

把麵糊放進裝有直徑0.9cm圓形花嘴的擠花袋，在4的邊緣部分擠上1圈。

6

在果粒果醬的上方，把麵糊擠成斜格紋狀。起點和終點都要和邊緣的麵糊銜接。

7

再次在邊緣擠出1圈麵糊。邊緣和擠在上方的麵糊平均每個約150g左右。

8 用155℃的烤箱烤15～20分鐘左右，把格子狀的麵糊乃至下方重疊的麵糊烤至染上烤色為止。

栽種在「菓子工房ichi」旁邊的木莓樹。山內小姐表示，雖然目前能夠採收的數量並不多，但希望未來能使用自家栽種的果實來製作果醬。

藍莓塔

小山千尋

藍莓果醬的濃鬱水果風味，
搭配魁蒿的苦味，
製作出味道的層次感，
利用撒落在各處的
帶皮榛果的香氣增添立體感。
再利用糖漬柑橘皮
營造出清爽印象的餘韻。

酥餅麵團

材料（18個）

奶油 ⋯⋯ 200g
糖粉 ⋯⋯ 136g
全蛋 ⋯⋯ 84g
A ┌ 杏仁粉 ⋯⋯ 100g
  │ 麵粉（ECRTTURE）⋯⋯ 336g
  └ 泡打粉 ⋯⋯ 5.7g

＊奶油恢復至室溫備用。
＊A混合過篩備用。

製作方法

1 用食物調理機把奶油攪拌成柔滑狀。
2 加入糖粉攪拌。
3 全蛋分多次加入，攪拌乳化。
4 把3倒進鋼盆，再把A倒入，用橡膠刮刀輕輕混拌。用保鮮膜包起來，放進冰箱冷藏1小時以上。

杏仁奶油醬

材料（18個）

奶油 ⋯⋯ 100g
素焚糖 ⋯⋯ 100g
全蛋 ⋯⋯ 100g
A ┌ 杏仁粉 ⋯⋯ 45g
  │ 榛果粉 ⋯⋯ 45g
  │ 低筋麵粉 ⋯⋯ 40g
  └ 乾燥魁蒿粉◆ ⋯⋯ 10g

＊奶油恢復至室溫備用。
＊A混合過篩備用。
◆乾燥魁蒿粉⋯把魁蒿葉清洗乾淨，用60℃的烤箱烤1小時直到硬脆乾燥，用攪拌機攪拌成粉末。

製作方法

1 把奶油、素焚糖放進攪拌盆，用攪拌機的拌打器攪拌均勻。
2 全蛋分成多次加入，攪拌乳化。
3 把A分成2次加入，攪拌均勻。

藍莓果醬

材料（18個）

藍莓 ⋯⋯ 350g
甜菜糖30% ⋯⋯ 105g
檸檬汁 ⋯⋯ 適量

製作方法

把藍莓、甜菜糖放進鍋裡加熱，烹煮至白利糖度55%，加入檸檬汁混拌，放涼。

榛果酥餅碎

材料（容易製作的份量）
麵粉（ECRTTURE）…… 90g
素焚糖 …… 90g
杏仁粉 …… 45g
榛果粉 …… 45g
奶油 …… 90g
＊奶油切成塊狀，冷卻備用。

製作方法
1 把奶油以外的材料放進食物調理機攪拌均勻。
2 加入奶油，攪拌成沒有粉末感的鬆散狀。

其他
烘焙榛果（切半）、糖漬柑橘皮

✦ 組合 ✦

1 把酥餅麵團的厚度擀壓成3mm，填進6×4cm的橢圓模型裡面。
2 把20g的杏仁奶油醬擠進1裡面，抹平，上方再放上20g的藍莓果醬，抹平。
3 把6g的榛果酥餅碎放在2的上面，再層疊上6g的烘焙榛果，用165℃的熱對流烤箱烤20～23分鐘，放涼。
4 放上糖漬柑橘皮。

司康麵團

材料（約16個）
A
低筋麵粉 …… 415g
全麥麵粉（含有較粗顆粒的麵粉）…… 52g
鹽巴 …… 3g
泡打粉 …… 11.4g
乾燥薄荷◆ …… 3.2g
甜菜糖 …… 124.5g
奶油 …… 145.5g
B
全蛋 …… 145.5g
牛乳 …… 62.5g
鮮奶油（38%）…… 21g
＊A混合過篩備用。
◆乾燥薄荷…讓薄荷葉乾燥，用攪拌機攪碎成粉末。
＊奶油切成塊狀，放進冰箱充分冷卻。
＊B混合備用。

製作方法
1 把A、甜菜糖、奶油放進食物調理機攪拌，進一步攪拌成鬆散狀態。
2 把B倒進1裡面，重複短時間的攪拌，使整體呈現大致的成團狀。
3 把2取出，放在撒了手粉（份量外）的作業台上，用擀麵棍擀壓成1.5cm的厚度，將其摺成對半。放進冰箱靜置1小時以上。
4 把3切成3cm×4cm，用180℃的烤箱烤20分鐘。

發酵草莓醬

材料（容易製作的份量）
草莓 …… 淨重200g
甜菜糖 …… 20g＋40g

製作方法
1 切除草莓的蒂頭，切成對半，放進消毒過的瓶子。加入甜菜糖20g，用橡膠刮刀充分混拌，輕蓋上保鮮膜，放置在常溫下。隔天開始，每天混拌1次以上，草莓呈現白色，冒出泡泡，產生強烈的酸味香氣後，發酵完成。夏天約發酵2天，冬天則以一星期為標準。
2 把1倒進鍋裡，加入甜菜糖40g，開火加熱，偶爾用橡膠刮刀混拌，持續烹煮至白利糖度55%，放涼。

發酵草莓醬司康

小山千尋

草莓的香甜風味，加上發酵所產生的酸味、鮮味和香氣，創造出全新的味覺平衡。
連同不加糖的雙倍奶油醬一起，用司康夾起來。

覆盆子可可酥餅

昆布智成

覆盆子和巧克力的經典組合，
再加上香料麵包粉的香料香氣。
酥脆的酥餅、
黏稠的覆盆子果醬、
硬脆可可粒所帶來的口感對比讓人百吃不膩。

酥餅麵團

材料（容易製作的份量）

奶油 …… 240g

A	糖粉 …… 100g
	蔗糖 …… 100g
	鹽巴 …… 5g
	香料麵包粉 …… 20g

全蛋 …… 50g

B	杏仁粉 …… 95g
	低筋麵粉 …… 340g
	可可粉 …… 35g

蛋黃、可可粒 …… 適量

＊B混合過篩備用。

製作方法

1 把奶油放進攪拌機，用攪拌機的拌打器攪散，加入A攪拌均勻。

2 把全蛋分次加入，攪拌乳化。

3 把B倒入，攪拌成團後，用保鮮膜包起來，放進冰箱冷藏2小時以上。

4 把3的厚度擀壓成2mm，用直徑4cm的圓形圈模壓切成型，排放在舖有透氣烤盤墊的烤盤上面。將蛋黃液塗抹在一半份量的表面，放上可可粒。

5 用160℃的熱對流烤箱烤15分鐘，放涼。

覆盆子果粒果醬

材料（容易製作的份量）

覆盆子果泥 …… 100g

A｜精白砂糖 …… 100g
　｜NH果膠 …… 8g

檸檬汁 …… 5g

＊A充分混拌備用。

製作方法

1 把覆盆子果泥放進鍋裡，加熱至40〜50℃後，把A倒入，一邊攪拌加熱，烹煮至白利糖度70％。

2 倒入檸檬汁攪拌，放涼。

⇢ 組合 ⇠

1 把沒有可可粒的酥餅麵團排好，讓與透氣烤盤墊的銜接面朝上，把覆盆子果粒果醬擠在中央。

2 把有可可粒的酥餅麵團疊放在1的上面，輕輕按壓。

奶油三明治

山內敦生

自製半乾草莓用砂糖把整顆草莓的水分慢慢導出，並用該糖漿烹煮，
然後再進行半乾燥，製作出濃縮的果實味和充滿存在感的口感。
把相同的糖漿混進奶油醬裡面，藉由果實的清爽酸味鎖住香甜。

法式甜塔皮

材料（容易製作的份量）
法式甜塔皮（參考P.35）…… 全量
草莓糖漿（GOURMANDISE濃縮草莓）…… 適量
綠色粉 …… 適量
全蛋 …… 適量
白巧克力 …… 適量

製作方法
1 參考p.35法式甜派皮的步驟1～3，製作法式甜派皮，把厚度擀壓成3mm，用6cm寬的葉形切模和直徑約2.5cm的花形切模壓切成型。
2 用150℃的熱對流烤箱（平烤箱則為170℃）烤10～11分鐘，暫時取出，分別把打散的全蛋液塗抹在葉形派皮的上面（一半份量），把溶入綠色粉的全蛋液分別塗抹在花形派皮上面，再進一步烤1～2分鐘後，放涼。
3 把白巧克力融化，在2塗抹全蛋的葉形派皮上面擠出草莓籽的花紋。把白巧克力當成黏接劑，把花形派皮黏成蒂頭。

夾心奶油醬

材料（容易製作的份量）
白巧克力 …… 100g
無鹽奶油 …… 10g
草莓糖漿（參考下方半乾草莓的步驟3）…… 適量
＊奶油恢復至髮蠟狀備用。

製作方法
1 把巧克力融化調溫成30℃左右，加入奶油，用橡膠刮刀攪拌乳化。
2 把草莓糖漿倒進1裡面攪拌乳化。

半乾草莓

材料（容易製作的份量）
草莓 …… 1000g
精白砂糖 …… 400g

製作方法

1 把草莓放進鋼盆，撒上精白砂糖，放進冰箱冷藏1星期。草莓會釋放出水分，果肉緊縮。

2 用濾網過濾1，把果肉和液體分開，把液體放進鍋裡，加熱熬煮至白利糖度50％，把果肉倒回，用小火熬煮至白利糖度60％。放涼後，放進冰箱裡面靜置一晚。

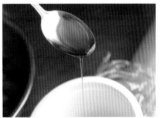

用濾網過濾2，把果肉和液體分開，用鍋子把液體熬煮至產生黏稠度（草莓糖漿）。

4 把3的果肉排放在鐵網上，用80℃～100℃的熱對流烤箱烤1小時～1小時半，讓草莓乾燥至個人偏愛的硬度。

⊱ 組合 ⊰

1 把夾心奶油醬擠在沒有裝飾的法式甜派皮上面，放上半乾草莓，再進一步擠上夾心奶油醬。
2 疊放上裝飾的法式甜派皮，輕輕按壓。

半乾草莓

巧克力覆盆子
果粒果醬

中山洋平

覆盆子果泥加以熬煮，味道濃縮之後，
混入巧克力，簡單表現出兩者之間的契合。
中山先生表示，
「特別適合搭配法國長棍麵包、
優格等略帶酸味的素材」。

材料（容量100ml的瓶罐約10個）

A
```
覆盆子果泥 …… 200g
冷凍覆盆子 …… 200g
精白砂糖 …… 300g
海藻糖 …… 60g
```
檸檬汁 …… 16g
黑巧克力（Valrhona CARAIBE）…… 100g

製作方法

1　把A放進鍋裡，用打蛋器攪拌，加熱沸騰，偶爾攪拌，持續烹煮至白利糖度58%。
2　把檸檬汁倒進1裡面攪拌，進一步加入巧克力，攪拌乳化。
3　把2裝進煮沸消毒過的罐子裡面，蓋上鍋蓋，用蒸氣熱對流烤箱烤20分鐘。
4　在常溫下放置一晚。

草莓jam
jam餅乾

やまだまり

為充分運用「鮮明的味道和緊實的果肉」，
一邊觀察素材的狀態，
一邊盡可能短時間地熬煮成果醬。
只要把它擠在簡單的餅乾麵糊上面，
就能充分運用素材風味。

草莓jam

材料（容易製作的份量）
新鮮的草莓（美味C草莓）…… 1000g
甜菜糖（或個人偏愛的砂糖）…… 400g
檸檬汁 …… 1大匙

製作方法
1 草莓清洗後，瀝乾水分，切除蒂頭，如果顆粒較大的話，就切成對半。
2 把1放進鍋裡，撒上2/3份量的甜菜糖，靜置至草莓釋出水分。
3 用大火加熱2的鍋子，煮沸後，暫時維持沸騰狀態，撈掉集在中央的浮渣。
4 浮渣減少後，把火調小，加入剩餘的甜菜糖和檸檬汁，維持沒有咕嘟咕嘟冒泡的火侯，用木鏟等道具一邊刮攪烹煮，避免底部焦黑。等到脫水後的草莓果肉恢復紅色，產生濃稠度和光澤後，關火，放涼。

jam餅乾

材料（約60片）
奶油 …… 150g
A ┌ 糖粉 …… 65g
  │ 白松露海鹽 …… 2g
  └ 香草醬 …… 少許
蛋白 …… 25g
B ┌ 杏仁粉 …… 35g
  └ 低筋麵粉 …… 165g
草莓jam（參考上述）…… 30g～
＊奶油恢復至常溫備用。
＊B混合過篩備用。

製作方法
1 把奶油放進鋼盆，用打蛋器攪散，倒入A，充分攪拌至泛白、蓬鬆的狀態。
2 少量逐次加入蛋白，充分攪拌乳化。
3 把B倒入，確認混拌。
4 把3放進裝有星形花嘴的擠花袋，在舖有烘焙紙的烤盤上，分別擠出約6g的小圓。
5 用160℃的烤箱烤15分鐘，暫時取出烤盤，把草莓jam放在餅乾的中央，再進一步烤5分鐘，持續烤至草莓jam咕嘟咕嘟冒泡的程度。

法式棉花糖

山内ももこ

把當地愛知縣產的新鮮草莓
製作成果泥，
運用其自然的風味和顏色。
由於含糖量和甜度會因為草莓而改變，
所以把加糖的一部分置換成海藻糖，
在防止甜度過高的同時，
一邊維持法式棉花糖的必要含糖量，
藉此讓打發程度和完成後的
保濕性等各工程的狀態更加穩定。
口感酥脆、入口即化，
未刻意移除的草莓籽也表現了素材感。

草莓果泥

材料（容易製作的份量）
草莓 …… 1000g
精白砂糖 …… 100g

製作方法

1

把草莓放進鋼盆，加入精白砂糖，蓋上保鮮膜，
放進冰箱靜置一至二晚，讓水分釋出。

2

連同1釋出的水分一起用食物調理機攪拌成果泥。

3

用濾網過濾。

法式棉花糖

材料（容易製作的份量）
草莓果泥（參考p.130）…… 480g

A
┌ 精白砂糖 …… 590g
│ 轉化糖 …… 240g
└ 海藻糖 …… 76g

B
┌ 水 …… 85g
│ 轉化糖 …… 300g
└ 檸檬酸水◆ …… 8g

C
┌ 明膠顆粒（明膠21）…… 57g
└ 精白砂糖 …… 57g

D
┌ 玉米澱粉、糖粉
└ （以1：1的比例混合）…… 適量

◆以重量1：1的比例，將檸檬酸和水混合在一起。

製作方法

1 把C放進鋼盆，用打蛋器攪拌，避免結塊。

2

把草莓果泥、A放進銅鍋加熱，一邊用打蛋器攪拌，加熱至105℃左右。

3

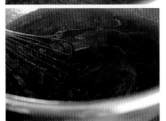
關火，把B倒入溶解。

4

進一步把1倒入，充分混拌融解。

5
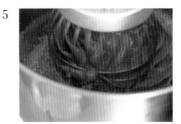
把4倒進攪拌盆，用高速的攪拌機打發10分鐘左右。

6
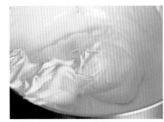
確認打入空氣，體積達到打發前的2倍之後，停止攪拌。麵糊的溫度約40℃左右。

7

趁6的溫度還沒有下降的時候，把6放進裝有星形花嘴的擠花袋裡面，在調理盤上連續擠出貝殼形狀（1個5g左右）。

8

把混合好的D過篩在7的上面，放進冰箱確實冷卻。

9 用方形模將其開成一個個，全面撒上D，在常溫下靜置1天。

131

草莓大黃根法式水果軟糖

材料（40cm×18cm的方形模1個）

A ┌ 草莓果泥 …… 220g
　└ 大黃根果粒果醬◆ …… 90g
B ┌ 精白砂糖 …… 300g
　└ 水飴 …… 85g
C ┌ 精白砂糖 …… 34g
　└ HM果膠（AIKOKU Yellow Ribbon）…… 6g
檸檬水◆ …… 7g
玫瑰香精（Le Jardin des Epices）…… 2g
精白砂糖、玫瑰花瓣（乾燥）…… 適量

＊C充分混合備用。
◆大黃根果粒醬…把精白砂糖45g撒在冷凍大黃根塊100g上面，靜置一晚，倒進鍋裡，加熱烹煮直到大黃根呈現黏稠感，加入檸檬汁10g混拌。
◆檸檬酸水…用同等份量的水溶解檸檬酸。

製作方法

1　把A放進鍋裡，加熱至40～50℃後，一邊加入C攪拌，再進一步攪拌煮沸。
2　把B分成多次加入，一邊攪拌烹煮，熬煮至白利糖度75%（上方照片）。
3　加入檸檬酸水、玫瑰香精攪拌，倒進放在烘焙紙上面的方形模，在常溫下靜置一晚。
4　把方形模拿掉，切成一口大小，撒上混入玫瑰花瓣的精白砂糖（下方照片）。

草莓大黃根
法式水果軟糖

昆布智成

以草莓為主角的法式水果軟糖。
但如果只有溫和甜味的草莓風味和砂糖，就會顯得「太甜」，
所以就利用大黃根的酸味描繪出草莓味道的輪廓。
同時，草莓和大黃根的風味也是非常契合的搭配。
最後再撒上乾燥玫瑰花的花瓣，
讓草莓充滿獨特的奢華香氣。

Chapter

3

———

莓果雪藏點心、
餐廳甜點

烘焙師、
甜點專賣店的
雪藏點心與甜點

安曇野產夏季草莓
與紅紫蘇雪酪 （食譜p.142）

栗田健志郎

把剛上市的草莓，和幾乎在同一時期上市的紅紫蘇萃取液融合在一起，
為夏季草莓的清爽風味增添層次。
之所以採用紅紫蘇是因為，同樣是唇形科的羅勒
和草莓的契合度非常好，而且也有助於紅色的發色。

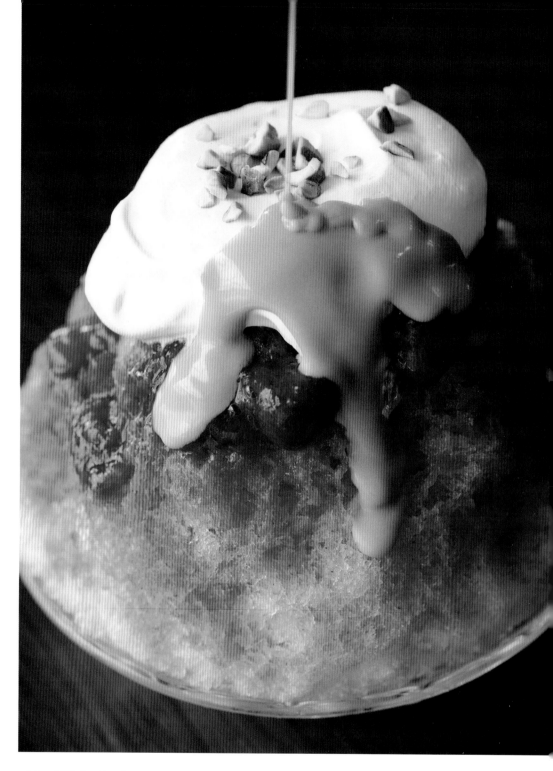

草莓刨冰 <small>（食譜p.142）</small>

山內敦生

使用快速烹煮，以保留口感的草莓果粒果醬，同時再大量使用同樣藉由抑制加熱的方式，
以運用香氣的草莓糖漿。底部深埋杏仁豆腐，上方淋上發泡鮮奶油，
藉此做出符合甜點師風格的味道構成，讓人吃到最後都不會膩。

草莓湯（食譜p.144）

小山千尋

把隔水加熱熬出果汁的草莓和生草莓混合在一起，烹製成2種草莓風味的甜點湯，
隨附上格雷伯爵紅茶和薰衣草的冰淇淋，享受融合莓果香氣的美味。
藉由湯裡面的義式奶酪和隨著時間融化的冰淇淋，改變甜湯的風味。

草莓香緹鮮奶油
蛋白餅（食譜p.145）

昆布智成

把草莓和香緹鮮奶油蛋白餅結合在一起，
製作成季節商品，
利用香緹鮮奶油和醬汁的覆盆子風味，
凸顯出草莓的莓果感。
利用接骨木莓雪酪的鮮明酸味和冰涼感，
鎖住溫和香甜的味道。

草莓塔塔

（食譜p.146）

昆布智成

享受草莓和羅勒結合的美味，
把新鮮的草莓和荔枝混在一起，
羅勒則是製作成冰淇淋和油。
下方是充滿荔枝香氣的法式奶凍。
利用荔枝和添加在蛋白霜裡面的椰香，
讓經典搭配的美味更添異國風味。

鵝莓寒天 （食譜p.147）

小山千尋

初夏清涼的一道，靈感來自江戶料理之一「凍豆腐」。
用綠色鵝莓製成的果醬，酸味中帶著淡淡青澀，
寒天充滿了奢華且略帶青澀的接骨木莓糖漿香氣，
而包裹在其間的是貼近那些青澀風味的牛奶寒天。

草莓與
和紅茶的羊羹（食譜p.148）

田中俊大

套餐的第一道料理，
展現水果與茶香完美融合的羊羹。
第三層的羊羹混入和紅茶茶葉的粉末，
利用和紅茶的苦味，讓莓果的果實感更加鮮明，
讓和紅茶和草莓的香甜氣味產生共鳴。
中層的玫瑰、上層果凍添加的琴酒，
讓香味更具層次感。

草莓與Sun Rouge的百匯（食譜p.149）

田中俊大

把玫瑰、草莓與日本茶茶葉「Sun Rouge」
製成糖漬或果醬等，
將其層層堆疊，享受香氣、
果實味、苦味的融合。
各種味道的感受方式
會隨著咀嚼情況的不同而改變。
燻乳酪慕斯和刺柏的法式奶凍也是味覺重點。

> 安曇野產夏季草莓與紅紫蘇雪酪

> 草莓刨冰

紅紫蘇水

材料（容易製作的份量）
紅紫蘇葉 …… 150g
水 …… 1000g

製作方法

1 把水放進鍋裡煮沸，放入紅紫蘇葉烹煮。
2 仔細熬出紅紫蘇葉的顏色，湯變成紅色後，用濾網過濾。

雪酪

材料（30份）

A ┌ 紅紫蘇水（參考上述）…… 450g
  └ 水 …… 300g

B ┌ 精白砂糖 …… 262g
  │ 海藻糖 …… 195g
  │ 葡萄糖 …… 108g
  │ 水飴粉 …… 129g
  └ 冰淇淋用穩定劑 …… 1.8g

檸檬汁 …… 50g
草莓（安曇野產，這次使用夏日抒情和鈴茜各半）
…… 1300g

製作方法

1 把B放進鋼盆混拌，倒入A，進一步混拌。
2 把1倒進鍋子，一邊攪拌加熱，直到溫度達到81℃，放涼至15℃。
3 把檸檬汁、草莓和2混合在一起，用攪拌器攪拌成果泥。
4 把3放進冰淇淋機攪拌，倒進容器，放進急速冷凍機15分鐘左右，讓表面冷卻凝固。轉移到冰淇淋櫃裡面，以利供餐。

草莓果粒果醬

材料（容易製作的份量）
草莓 …… 1000g
精白砂糖 …… 300g

製作方法

1 為保留草莓的口感，將草莓切成粗粒。
2 把1放進鍋裡，加入精白砂糖，加熱。水分釋出後，煮沸後關火，冷卻。

草莓糖漿

材料（容易製作的份量）
草莓 …… 100g
精白砂糖 …… 100g
水 …… 100g

製作方法

1 把草莓放進鋼盆，撒上精白砂糖，連同靜置一晚釋出的液體一起放進食物調理機攪拌，過濾。
2 把1放進鍋裡，把水倒入，加熱。煮沸後，隔著冰水冷卻。

杏仁豆腐

材料（容易製作的份量）

A ┌ 牛乳 …… 420g
  └ 鮮奶油（35%）…… 75g
精白砂糖 …… 52.5g
杏仁霜 …… 15g
寒天粉（PEARLAGAR NEO）…… 7.4g
玉米澱粉 …… 5.5g

製作方法

1 把A放進鍋裡，加熱至溫度達到80℃左右。
2 把剩餘的材料放進鋼盆，用打蛋器摩擦攪拌，倒進1裡面混拌，材料溶解後，關火，放涼。
3 倒進調理盤等容器，放進冰箱冷卻凝固。

其他

刨冰專用冰、發泡鮮奶油（乳脂肪含量35％，精白砂糖6％）、搗碎的開心果、自製煉乳（把牛乳熬煮成濃稠狀）

⤳ 組合 ⤶

1 在使用的1小時前，把刨冰專用冰搬移到冷藏，使表面溫度呈現3℃左右，裝到刨冰機上面。

2 把3湯匙的杏仁豆腐裝進碗裡。

3

將草莓果粒果醬放到2的上方。

4

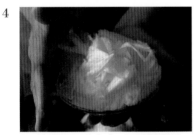

把冰刨削在3的上方。一邊轉動碗，一邊用手輕柔地調整形狀，製作出略低的山形。

5

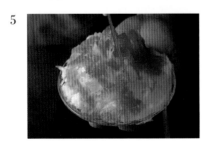

把草莓糖漿淋在4的冰上面。

6

和4一樣，同樣層疊上刨冰，調整出較高的山形。

7

把草莓糖漿淋在6的冰上面。

8

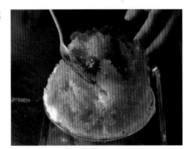

放上草莓果粒果醬。

9 放上發泡鮮奶油，撒上搗碎的開心果。連同裝進水罐裡面的煉乳一起上桌，建議依個人喜好淋上煉乳。

＞草莓湯

義式奶酪

材料（容易製作的份量）

A ┌ 牛乳 …… 140g
　└ 甜菜糖 …… 27g
明膠片 …… 4.2g
鮮奶油（38%）…… 160g

製作方法

1　把A放進鍋裡加熱，讓甜菜糖融化，關火。加入
　　明膠，融解。
2　把1過濾，加入鮮奶油混拌，放涼。
3　倒入容器，用冰箱冷卻凝固。

草莓湯

材料（容易製作的份量）

草莓A …… 150g
甜菜糖 …… 20g
草莓B …… 50g

製作方法

1　草莓A切除蒂頭，放進鋼盆，撒入甜菜糖。
2　把1的鋼盆隔水加熱，慢慢加熱1小時左右，放
　　涼。
3　把草莓B切成對半，倒進2裡面，輕輕混拌。

薰衣草冰淇淋

材料（容易製作的份量）

A ┌ 牛乳 …… 415g
　└ 鮮奶油（38%）…… 52g
B ┌ 薰衣草 …… 3g
　└ 格雷伯爵紅茶茶葉 …… 11.4g
C ┌ 蛋黃 …… 124.5g
　└ 甜菜糖 …… 145.5g

製作方法

1　把A放進鍋裡煮沸後，關火。把B倒入，燜上10
　　分鐘。
2　把C倒進鋼盆，用打蛋器充分混拌。
3　把1過濾，加入2混拌，倒回鍋裡加熱，一邊攪拌
　　烹煮至83℃。
4　把3放進冰淇淋機裡面攪拌。

✦ 組合 ✦

1　把義式奶酪放進湯盤裡面，1人份約50g。
2　把草莓湯倒進1的湯盤，放上塑型成紡錘狀的薰衣
　　草冰淇淋。在冰淇淋上面裝飾乾燥薰衣草（份量
　　外）。

> 草莓香緹鮮奶油蛋白餅

覆盆子香緹鮮奶油

材料（容易製作的份量）
鮮奶油（42%）…… 150g
覆盆子醬（參考下述）…… 20g

製作方法
把所有材料放進鋼盆，用打蛋器打發成8分發。

蛋白霜

材料（60個）
A ┌ 蛋白 …… 120g
　└ 精白砂糖 …… 120g
B ┌ 糖粉 …… 110g
　└ 鹽巴 …… 1g

製作方法
1　把A放進攪拌盆，用攪拌機打發，製作成硬挺的蛋白霜。
2　把B倒進1裡面，用橡膠刮刀輕輕混拌。
3　把2放進裝有1.4cm圓形花嘴的擠花袋，在鋪有烘焙紙的烤盤上面擠出直徑6cm左右的圓頂形狀，用150℃的熱對流烤箱烤40分鐘，放涼。用裝有乾燥劑的密封容器保存。

覆盆子醬

材料（容易製作的份量）
覆盆子果泥 …… 100g
檸檬汁 …… 20g
精白砂糖 …… 10g

製作方法
1　把所有材料放進鍋裡煮沸，精白砂糖溶解後，關火，放涼。
2　倒進容器，放進冰箱冷藏。

酥餅碎

材料（容易製作的份量）
奶油 …… 20g
糖粉 …… 20g
杏仁粉 …… 20g
低筋麵粉 …… 20g

製作方法
1　把奶油放進鋼盆，用橡膠刮刀攪拌軟化，依序加入糖粉、杏仁粉、低筋麵粉，每次加入都要攪拌。
2　把1撕碎散落在鋪有烘焙紙的烤盤上面，用160℃的熱對流烤箱烤15分鐘，放涼。

接骨木莓雪酪

材料（容易製作的份量）
A ┌ 水 …… 86g
　│ 水飴 …… 15g
　└ 精白砂糖 …… 50g
接骨木莓 …… 200g

製作方法
1　把A放進鍋裡煮沸，精白砂糖和水飴溶解後，放涼。
2　把1、接骨木莓放進PACOJET食物調理機的容器裡面，冷凍。裝盤前，用PACOJET食物調理機攪拌。

其他

草莓

✈ 組合 ✦

1　把覆盆子香緹鮮奶油放進裝有星形花嘴的擠花袋，擠在蛋白霜上面，上面再裝飾上切片的草莓。
2　用湯匙把覆盆子醬倒在盤子上面，把1裝盤。在1的後方放置少量的酥餅碎，上面再放上塑型成紡錘狀的接骨木莓雪酪。

> 草莓塔塔

法式奶凍

材料（容易製作的份量）

A ┌ 牛乳 …… 135g
　├ 鮮奶油（35%）…… 100g
　└ 精白砂糖 …… 30g
明膠片 …… 3g
荔枝利口酒（DITA）…… 8g

製作方法

1　把A放進鍋裡，加熱至溫度40～50℃。
2　關火，加入明膠，攪拌溶解，加入荔枝利口酒攪拌。
3　倒進容器，放涼，放進冰箱冷卻凝固。

玫瑰果果凍

材料（容易製作的份量）

A ┌ 水 …… 100g
　└ 精白砂糖 …… 10g
玫瑰果 …… 5g
明膠片 …… 1.5g

製作方法

1　把A放進鍋裡煮沸。
2　關火，加入玫瑰果和明膠，蓋上鍋蓋，靜置釋出風味。
3　把2過濾，倒進容器，放進冰箱冷卻凝固。

羅勒油

材料（容易製作的份量）

A ┌ 太白芝麻油 …… 30g
　└ 羅勒葉 …… 15g

製作方法

用攪拌機攪拌A，靜置一晚後，用紙過濾。

羅勒冰淇淋

材料（容易製作的份量）

A ┌ 牛乳 …… 200g
　└ 羅勒葉 …… 5g
B ┌ 蛋黃 …… 60g
　└ 精白砂糖 …… 40g
鮮奶油（42%）…… 25g

製作方法

1　用攪拌機攪拌A，放進鍋裡煮沸。
2　把B放進鍋盆，用打蛋器摩擦攪拌，倒入1混拌，倒回鍋裡加熱，持續攪拌烹煮至產生濃稠度。
3　隔著冰水冷卻，加入鮮奶油混拌，倒進PACOJET食物調理機的容器，冷凍。
4　裝盤前，用PACOJET食物調理機攪拌。

椰香蛋白霜

材料（容易製作的份量）

A ┌ 蛋白 …… 100g
　└ 精白砂糖 …… 100g
B ┌ 糖粉 …… 80g
　└ 椰子細粉 …… 20g

製作方法

1　把A放進攪拌盆，用攪拌機打發，製作成蛋白霜。
2　把B倒進1裡面，用橡膠刮刀混拌。
3　把2放進裝有8mm圓形花嘴的擠花袋，在舖有烘焙紙的烤盤上面擠出棒狀，用90℃的熱對流烤箱乾烤2小時，放涼後，用裝有乾燥劑的密封容器保存。

其他

草莓、荔枝

✦ 組合 ✦

1　用湯匙撈取法式奶凍，放進容器中央。
2　放入圓形圈模，讓1收納在內側，在法式奶凍的上方放置切好混拌的草莓和荔枝。
3　在圓形圈模的周圍加入少量的水（份量外），放上搗碎的玫瑰果果凍，滴上羅勒油。（照片）。
4　拿掉圓形圈模，把塑型成紡錘狀的羅勒冰淇淋放在草莓和荔枝的上方，裝飾上折成適當長度的椰香蛋白霜。

> 鵝莓寒天

牛奶寒天

材料（10cm×10cm的模具1個）

A 水 …… 100g
寒天 …… 2g
B 甜菜糖 …… 30g
牛乳 …… 150g

製作方法

1 把A放進鍋裡煮沸。
2 把B放進1裡面煮沸，倒進模具裡面。
3 冷卻凝固後，切成2cm方形（使用4個）。

鵝莓寒天

材料（約10.5cm×10.5cm×高度5cm的
模具1個／4個）

A 水 …… 300g
寒天 …… 5g
B 鵝莓果醬（參考下列）…… 100g
接骨木莓糖漿（參考右列）…… 50g
甜菜糖 …… 20g

製作方法

1 把A放進鍋裡煮沸。
2 把B放進1裡面煮沸。

鵝莓果醬

材料（容易製作的份量）

鵝莓（綠）…… 淨重50g
水 …… 50g
甜菜糖 …… 50g

製作方法

1 鵝莓用水清洗，把梗去除。
2 把1、水、甜菜糖一起放進鍋裡加熱，持續熬煮至
鵝莓變軟爛，水分收乾為止。

接骨木莓糖漿

材料（容易製作的份量）

A 水 …… 120g
甜菜糖 …… 158g
接骨木莓 …… 淨重15g
檸檬 …… 1/4個

製作方法

1 接骨木莓用水清洗乾淨，盡可能把莖去除。
2 把A放進鍋裡加熱。煮沸後關火，加入切片的檸
檬和1，直接靜置24小時，過濾。

✦ 組合 ✦

1 把鵝莓寒天倒進10.5cm×10.5cm×高度5cm的
模具裡面至5mm高。
2 表面凝固後，把切好的牛奶寒天間隔1cm排開，
將剩餘的鵝莓寒天倒進模具裡面，至牛奶寒天上
方的5mm高。冷卻凝固。
3 以牛奶寒天為中心，將2切成2.5cm方塊。裝盤，
裝飾上接骨木莓的花和金箔（全都是份量外）。

接骨木莓糖漿

＞草莓與和紅茶的羊羹

琴酒凍

材料（15cm×15cm的模具1個）
水 …… 240g
精白砂糖 …… 28g
琴酒 …… 10g
瓊脂 …… 1.8g

製作方法
把所有材料放進鍋裡混拌，煮沸。

玫瑰草莓凍

材料（15cm×15cm的模具1層份量）
草莓（栃乙女）…… 100g
食用玫瑰花瓣 …… 5片
精白砂糖 …… 10g
瓊脂 …… 0.5g

製作方法
1　草莓用攪拌器打成果泥。
2　把1和剩餘的材料放進鍋裡加熱，讓精白砂糖和瓊脂融解後，放涼。

和紅茶羊羹

材料（15cm×15cm的模具1層份量）
紅豆泥 …… 250g
水 …… 200g
和紅茶茶葉（粉末）…… 10g
瓊脂 …… 2g

製作方法
1　把水和瓊脂放進鍋裡煮沸，把和紅茶茶葉放入混拌。
2　把紅豆泥放進鋼盆，慢慢加入1均勻稀釋。

其他

草莓（栃乙女）

❖ 組合 ❖

1　把琴酒凍趁熱倒進15cm×15cm的模具裡面，放涼。
2　草莓切除蒂頭，縱切成對半，在2凝固之前放進中央，放進冰箱冷卻凝固。
3　把玫瑰草莓凍倒在2的上方，放進冰箱冷卻凝固。
4　把和紅茶的羊羹倒在3的上方，放進冰箱冷卻凝固。
5　從模具裡面取出，將草莓放在上面，切好之後，放進盒子裡面，或是裝盤，裝飾上適當的金箔和玫瑰花瓣（份量外）。

＞草莓與Sun Rouge的百匯

甘納許

材料（容易製作的份量）
黑巧克力 …… 150g
鮮奶油（36％）…… 185g

製作方法

1 把鮮奶油放進鍋裡煮沸。
2 把巧克力放進鍋盆，把1倒入，用打蛋器攪拌乳化。

刺柏法式奶凍

材料（容易製作的份量）

A 「刺柏的果實 …… 15g
　 └ 牛乳 …… 200g
精白砂糖 …… 20g
明膠片 …… 5g

製作方法

1 把A放進鍋裡加熱，沸騰後關火，蓋上鍋蓋，靜置10分鐘，讓風味釋出。
2 把1過濾，加入精白砂糖、明膠溶解，倒進容器，放進冰箱冷卻凝固。

玫瑰糖漬草莓

材料（容易製作的份量）
自製玫瑰香精◆ …… 100g
Hebesu柑橘 …… 15g
蜂蜜 …… 30g
草莓（栃愛果）…… 適量

◆自製玫瑰香精…用水蒸氣蒸餾玫瑰花瓣的液體。

製作方法

1 把草莓以外的材料放進鍋裡，加熱至蜂蜜容易融解的溫度，攪拌均勻融解，放涼。
2 切除草莓的蒂頭，切成對半。
3 把1、2放進真空袋，將真空器設定98％，進行真空包裝。
4 在冰箱裡面放置一晚，直到草莓呈現透明感。

燻製乳酪泡

材料（容易製作的份量）
自製燻製白乳酪◆ …… 100g
牛乳 …… 100g
糖粉 …… 35g

◆自製燻製白乳酪…用烏樟屑冷燻白乳酪。

製作方法

1 把自製燻製白乳酪放進鍋盆，加入牛乳、糖粉，用打蛋器攪拌。
2 放進奶泡虹吸瓶裡面，灌入專用氣體。

Sun Rouge冰淇淋

材料（容易製作的份量）
牛乳 …… 500g
鮮奶油（36％）…… 70g
蜂蜜 …… 40g
精白砂糖 …… 70g
增稠劑（Vidofix）…… 10g
Sun Rouge（日本茶）茶葉 …… 30g

製作方法

1 把牛乳和Sun Rouge茶葉加熱，茶葉化開後，倒進攪拌機，把所有剩餘的材料倒入攪拌。
2 1放涼後，倒進PACOJET食物調理機的容器，冷凍。使用前進行攪拌。

玫瑰果醬

材料（容易製作的份量）
食用玫瑰花瓣 …… 10片
草莓 …… 150g
精白砂糖 …… 100g
Hebesu柑橘汁 …… 30g

製作方法
把所有材料放進鍋裡加熱，烹煮至稍微產生稠度的狀態，放涼。

玫瑰醬汁

材料（容易製作的份量）

A
┌ 食用玫瑰花瓣 …… 5片
│ 自製玫瑰香精
│ （參考p.149的玫瑰糖漬草莓）…… 250g
│ 精白砂糖 …… 30g
└ 水 …… 100g
太白粉 …… 5g

製作方法
1 把A放進鍋裡加熱，精白砂糖融解後，過濾。
2 把用少量的水（份量外）融解的太白粉，倒進1的液體裡面混拌，一邊加熱攪拌，產生稠度後，把玫瑰花瓣倒回，放涼。

瓦片

材料（容易製作的份量）
奶油 …… 40g
精白砂糖 …… 75g
水 …… 20g
蕎麥粉 …… 20g

製作方法
1 把融化的奶油放進鍋裡，加入精白砂糖攪拌，加水攪拌，再進一步加入蕎麥粉攪拌。
2 把1倒進舖有烘焙紙的烤盤，用170℃的烤箱烤15分鐘。
3 在2冷卻之前，用玻璃杯口壓切出相同直徑的圓形。

草莓凍

材料（使用15cm×15cm的模具）
水 …… 240g
精白砂糖 …… 28g
Hebesu柑橘汁 …… 10g
瓊脂 …… 1.7g
草莓（枥愛果）切片 …… 適量

製作方法
1 把草莓以外的材料放進鍋裡煮沸，讓精白砂糖和瓊脂融解。
2 把1倒進15cm×15cm的模具裡面，放涼，在完全凝固之前，把切片的草莓排放在裡面，放進冰箱冷卻凝固。
3 用玻璃杯口壓切出相同直徑的圓形。

✷ 組合 ✷

1　在玻璃杯內側的杯口下緣擠上1圈甘納許。

2

用湯匙撈取刺柏法式奶凍，放進1的玻璃杯底部。

3

把玫瑰糖漬草莓放在2的上面。

4

把燻製乳酪泡擠在3的上面，再放上塑型成紡錘狀的Sun Rouge冰淇淋。

5

進一步疊放上玫瑰果醬、玫瑰醬汁。

6

把瓦片疊放在1的甘納許的上面，在玻璃杯口附近進行固定。

7

把草莓凍疊放在瓦片的上面。裝飾上日本茶生茶葉（份量外）。

餐廳的甜點

覆盆子啤酒

（食譜 p.158）

長屋明花

靈感來自調味啤酒，
在覆盆子果粒果醬和格蘭尼達裡面，
加上白啤酒冰淇淋。
果粒果醬加上香料，藉此與白啤酒串聯，
格蘭尼達利用波特酒帶出莓果的層次風味。
利用液態氮讓冰涼的冰淇淋煙霧
看起來宛如氣泡。

櫻麻糬／莓（食譜p.159）

長屋明花

以草莓大福為形象
而製作的春季餐前甜點。
用添加麻糬的慕斯
把草莓櫻花醬汁包裹起來，
慕斯Q彈，義式蛋白霜則十分輕盈。
慕斯下方是草莓冰淇淋。

黑莓與馬斯卡彭起司的百匯冰品
（食譜 p.160）

長屋明花

使用3種黑莓製成，
讓味覺感受更加多元。
百匯在不混入果泥的情況下
製作成大理石狀，慕斯不去除種籽，
巧妙運用莓果風味。果凍則在黑莓的
單寧般濃郁中添加紅紫蘇和波特酒。

桑葚、小黃瓜、蕎麥 (食譜p.161)

高橋雄二郎

為了凸顯出桑葚的柔軟口感，
同時更貼近桑葚的風味而選擇小黃瓜作為配料，
將其加工成醃漬、果凍、格蘭尼達等。
從信州產桑葚聯想到的蕎麥粉塔皮麵團，
以及添加了豆腐的布蕾，營造出質樸的質感。

雪松果、藍莓、酸乳（食譜p.163）

高橋雄二郎

雪松果浸泡後，製成果凍，藍莓製成格蘭尼達。
利用雪松果的鬱蔥清涼感，為同樣帶有青澀感的藍莓風味勾勒出輪廓。
由於兩者都充滿野性風味，所以就把乳製品當中，
與莓果十分對味，香氣和酸味都十分強烈的酸乳製成冰淇淋。

泰莓與可可（食譜p.164）

高橋雄二郎

靈感來自帶有莓果香氣和花香的巧克力，
基於味道強度的均衡而選擇泰莓，將兩者製作成慕斯。
然後再搭配與草莓十分速配的小茴香。花香的雪花冰粉巧妙融合整體。

157

＞覆盆子啤酒

覆盆子果粒果醬

材料（容易製作的份量）

A ┌ 覆盆子 …… 100g
  └ 精白砂糖 …… 30g
B ┌ 肉桂粉 …… 1g
  │ 丁香粉 …… 1g
  │ 茴香粉 …… 1g
  └ 多香果 …… 1g

製作方法

1 把A放進鍋裡加熱，用木鏟一邊把覆盆子搗碎，一邊熬煮。
2 水分釋出後，把B倒入，水分揮發，呈現出個人偏愛的硬度後，關火，放涼。

覆盆子格蘭尼達

材料（容易製作的份量）

A ┌ 水 …… 200g
  │ 精白砂糖 …… 50g
  └ 覆盆子果泥 …… 20g
紅波特酒 …… 20g
覆盆子 …… 100g
檸檬汁 …… 適量

製作方法

1 把A放進鍋裡煮沸，加入紅波特酒，關火。加入檸檬汁調味，放涼。
2 把1和覆盆子混在一起，冷凍（供餐時刮削使用）。

香料酥餅碎

材料（容易製作的份量）

奶油 …… 450g
低筋麵粉 …… 450g
杏仁粉 …… 450g
細蔗糖 …… 450g
肉桂粉 …… 適量
丁香粉 …… 適量
茴香粉 …… 適量
多香果 …… 適量

製作方法

1 把所有材料放進食物調理機，攪拌至鬆散狀。彙整成團，用保鮮膜包起來，放進冰箱冷藏。
2 用手把1捏碎，撒在舖有矽膠墊的烤盤上面。
3 用170℃的烤箱烤20分鐘。

白啤酒凍

材料（容易製作的份量）

水 …… 200g
精白砂糖 …… 70g
明膠片 …… 7g
白啤酒 …… 120g
檸檬汁 …… 適量

製作方法

1 把水放進鍋裡煮沸，倒入精白砂糖溶解，關火。
2 把明膠放進1裡面，攪拌融解。
3 加入白啤酒，加入檸檬汁調味，放進冰箱冷卻凝固。

白啤酒冰淇淋

材料（容易製作的份量）

白啤酒 …… 200g
精白砂糖 …… 80g
A ┌ 白啤酒 …… 100g
  │ 鮮奶油（38%）…… 120g
  └ 白乳酪 …… 90g

製作方法

1 把白啤酒200g放進鍋裡，加熱熬煮至份量剩下1/3（40g），倒入精白砂糖溶解。
2 把A放進1裡面，用攪拌器攪拌至柔滑狀態。
3 裝進奶泡虹吸瓶裡面，灌入專用的氣體。擠成慕絲狀直到真空保存容器的一半高度，蓋上蓋子，打開真空器，在真空完成的時候，跳閘關閉。在放置在容器內的狀態下進行冷凍。

其他

覆盆子、食用花

⤜ 組合 ⤛

1 依序把覆盆子果粒果醬、香料酥餅碎、覆盆子、覆盆子格蘭尼達、白啤酒凍放進紅酒杯裡面，撒上食用花。
2 用湯匙撈取白啤酒冰淇淋，放進鋼盆，用液態氮冰凍，放在1的上面。

>櫻麻糬／莓

麻糬慕斯

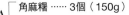

材料（直徑5cm的圓頂形矽膠模型約45個）

A ┌ 角麻糬 …… 3個（150g）
　└ 水 …… 300g
蛋白 …… 100g
B ┌ 精白砂糖 …… 150g
　└ 水 …… 75g
鮮奶油（38%）…… 60g
明膠片 …… 18g

製作方法

1　把A放進鍋裡，加熱至麻糬變軟（或是把A放進耐熱容器，用微波爐把麻糬加熱變軟）。
2　用攪拌器把1攪拌成泥狀，加入明膠，攪拌溶解。
3　把B倒進鍋裡，加熱成117℃的糖漿。把蛋白放進攪拌盆打發，一邊加入糖漿，一邊打發製作成義式蛋白霜。
4　鮮奶油打發成7分發。
5　把3分2～3次倒進2裡面，用橡膠刮刀撈拌。
6　把4倒進5裡面，用橡膠刮刀撈拌。

櫻花醬

材料（容易製作的份量）

水 …… 100g
草莓香精◆ …… 20g
櫻花利口酒 …… 20g
瓊脂F …… 5g
精白砂糖 …… 5g

◆草莓香精…把冷凍草莓真空包裝，進行80℃的隔水加熱，或是用熱對流烤箱的蒸氣加熱，直到草莓變成白色，再進一步過濾釋出的水分。

製作方法

1　把所有的材料放進鍋裡煮沸，讓瓊脂溶解，放涼。
2　1凝固後，用攪拌機攪拌至柔滑狀。

草莓櫻花雪酪

材料（容易製作的份量）

A ┌ 水 …… 116g
　│ 水飴 …… 30g
　└ 精白砂糖 …… 37g
B ┌ 草莓果泥 …… 300g
　│ 檸檬汁 …… 9g
　└ 櫻花利口酒 …… 20g

製作方法

1　把A放進鍋裡煮沸，讓水飴和精白砂糖溶解，放涼。
2　把B倒進1裡面攪拌，倒進PACOJET食物調理機的容器，放進冷凍庫冷凍。
3　使用前用PACOJET食物調理機攪拌。填進直徑4cm的圓形圈模至5mm厚度，成型。

其他

鹽漬櫻花（用水進行脫鹽）、金箔

❖ 組合 ❖

1　把麻糬慕斯倒進直徑5cm的圓頂形矽膠模型裡面至平滿，冷凍，凝固至某程度後，把中央挖空。
2　把櫻花醬填進1的窟窿，冷凍。
3　把2脫模，將2個合併在一起，壓製成球狀。
4　把草莓櫻花雪酪裝盤，把3放在上方，上面隨附上鹽漬櫻花、金箔。裝飾上帶有櫻樹葉的櫻樹枝（份量外）。

> 黑莓與馬斯卡彭起司的百匯冰品

紫蘇莓果凍

材料（容易製作的份量）

A ┌ 紫蘇莓果醬◆ …… 150g
  └ 水 …… 300g
精白砂糖 …… 30g
瓊脂F …… 9g

◆紫蘇黑莓醬…用鍋子把水500g煮沸，倒入紅紫蘇葉50g，熬煮出風味後，過濾，趁熱加入黑莓10粒、藍莓15粒，直接放涼，過濾。

製作方法

1 把A放進鍋裡煮沸。
2 把精白砂糖和瓊脂倒進1裡面，用橡膠刮刀攪拌溶解，倒進調理盤。
3 放進冰箱冷卻凝固，切成3cm塊狀。

百匯

材料（容易製作的份量）

A ┌ 白巧克力（VALRHONA IVOIRE）
  │   …… 140g
  └ 牛乳 …… 100g
明膠片 …… 10g
鮮奶油（38％）…… 260g
馬斯卡彭起司 …… 300g
糖粉 …… 50g
黑莓果泥 …… 適量

製作方法

1 把A放進鍋裡加熱，讓巧克力融解。關火，加入明膠，攪拌溶解，放涼。
2 把馬斯卡彭起司放進鋼盆，加入糖粉、1，用橡膠刮刀攪拌。
3 把鮮奶油打發成7分發，倒進2裡面撈拌。
4 加入黑莓果泥，將花紋攪拌成大理石紋路，倒進調理盤，放進冷凍庫冷凍。切成3cm塊狀。

紫蘇波特醬

材料（容易製作的份量）

A ┌ 紫蘇莓果醬（參考紫蘇莓果凍）
  │   …… 150g
  │ 水 …… 250g
  └ 紅波特酒 …… 50g
B ┌ 精白砂糖 …… 30g
  └ 瓊脂F …… 7g

＊B混合備用。

製作方法

1 把A放進鍋裡煮沸。
2 把B倒入，用橡膠刮刀攪拌溶解，倒進容器，放涼。
3 2凝固後，用攪拌器攪拌成柔滑狀。

黑莓慕斯

材料（容易製作的份量）

黑莓 …… 300g
檸檬馬鞭草糖漿◆ …… 60g
檸檬汁 …… 20g
明膠片 …… 9g
鮮奶油（38％）…… 300g

◆檸檬馬鞭草糖漿…把相同比例的水和精白砂糖混合在一起煮沸，製作成糖漿，放涼後，連同檸檬馬鞭草進行真空包裝，放進冰箱冷藏一晚，釋出風味後，過濾。

製作方法

1 把黑莓放進鍋裡，用木鏟等道具搗碎成泥狀，加入檸檬馬鞭草糖漿，加熱。
2 沸騰後，關火，加入明膠溶解，加入檸檬汁攪拌，放涼。
3 把鮮奶油打發成7分發，把2倒入，用橡膠刮刀撈拌，倒進調理盤。
4 放進冷凍庫冷凍，切成3cm塊狀。

其他

黑莓、花穗紫蘇、紫蘇嫩葉

✦ 組合 ✦

1 把百匯、黑莓慕斯、紫蘇莓果凍各3個擺放在平盤裡面，3種1組，擺放在3個位置。分別把不同種類擺放在最上層。
2 在1的3個位置，分別隨附上2個黑莓，旁邊淋上紅紫蘇波特醬，分別淋在3個位置，再撒上花穗紫蘇、紫蘇嫩葉。

> 桑葚、小黃瓜、蕎麥

蕎麥粉塔皮麵團

材料（容易製作的份量）
奶油 …… 206g
精白砂糖 …… 138g
A ┌ 低筋麵粉 …… 171g
　└ 蕎麥粉 …… 217g
全蛋 …… 66g
＊A混合過篩備用。

製作方法
1　把奶油、精白砂糖放進鋼盆，用打蛋器摩擦攪拌。
2　把A倒入混拌，進一步逐次少量加入全蛋混拌均勻，用保鮮膜包起來，放進冰箱冷藏半天。
3　把2擀壓成厚度2～3mm，用直徑8cm的圓形壓切成型。
4

把蛋型矽膠模型的凸面朝上，把3放在上面，用170℃的烤箱烤12～15分鐘（照片是出爐的狀態）。

豆腐與馬斯卡彭起司、白乳酪的布蕾

材料（容易製作的份量）
A ┌ 馬斯卡彭起司 …… 70g
　│ 豆腐 …… 110g
　│ 奶油起司 …… 60g
　│ 白乳酪 …… 30g
　│ 蛋黃 …… 220g
　└ 精白砂糖 …… 100g
豆漿 …… 200g
鮮奶油（35%）…… 300g
＊預先讓馬斯卡彭起司和奶油起司恢復至室溫。

製作方法
1　把A放進鋼盆混合，用橡膠刮刀攪拌均勻。
2　把豆漿、鮮奶油倒進1裡面。
3　把2倒進調理盤，用85℃的烤箱烤15分鐘。

小黃瓜凍

材料（容易製作的份量）
小黃瓜 …… 3條
鹽巴 …… 適量
精白砂糖、明膠片 …… 適量（參考步驟3）

製作方法
1　把小黃瓜切成適當大小，撒上些許鹽巴，靜置30分鐘。
2　1用攪拌機攪拌，用疊放吸油紙的過濾器過濾，使用液體。殘留在過濾器內的固體留下來製作小黃瓜格蘭尼達。
3　把2的液體放進鍋裡加熱，煮沸後關火。加入液體重量10%的精白砂糖和1.5%的明膠，攪拌融解。

自製起司

材料（容易製作的份量）
牛乳 …… 500g
檸檬汁 …… 50g
鹽巴 …… 1g

製作方法
1　把牛乳、鹽巴放進鍋裡煮沸，加入檸檬汁，用木鏟等道具慢慢攪拌。
2　牛乳的成分凝固後，用紙過濾，靜置6小時，瀝乾水分。

小黃瓜塊、
小黃瓜球和皮

材料（容易製作的份量）
小黃瓜 …… 1條
波美30°糖漿 …… 適量
香草（蒔蘿、羅勒、茴香芹、薄荷、龍蒿、小茴香的花）
　…… 適量

製作方法
1 把波美30°糖漿放進鍋裡加熱，煮沸後關火，加入香草，蓋上鍋蓋，靜置10分鐘，讓風味釋出，過濾。
2 把小黃瓜的皮削掉，切成一半長度，單邊用挖球器挖出圓球狀。另一邊切成2mm丁塊狀。皮的一部分切成絲，剩餘的小黃瓜皮留下來製成粉末。
3 用1把2的小黃瓜球、小黃瓜丁塊、小黃瓜皮絲拌勻。

小黃瓜格蘭尼達

材料（容易製作的份量）
小黃瓜凍步驟2預留下來的小黃瓜 …… 100g
精白砂糖 …… 15g
香草水◆ …… 50g

◆香草水…用鍋子把水煮沸，關火，加入香草（材料與上述小黃瓜塊、小黃瓜球和皮相同），蓋上鍋蓋，靜置10分鐘，讓風味釋出，過濾。

製作方法
把所有材料放進鍋子裡面，混拌後，加入精白砂糖融解，放進冷凍庫冷凍，用叉子等搗碎。

小黃瓜皮粉末

材料（容易製作的份量）
小黃瓜皮 …… 適量

製作方法
用66℃的乾燥器烘乾小黃瓜皮，用攪拌機攪拌成粉末。

其他

桑葚、蕎麥花、糖粉

✦ 組合 ✦

1

把豆腐與馬斯卡彭起司、白乳酪的布蕾放在蕎麥粉塔皮麵團的中央，將小黃瓜丁塊撒在布蕾上方，小黃瓜凍放置在周圍3個位置。

2

進一步疊上自製起司，放上小黃瓜球、桑葚。

3

將小黃瓜皮裝在各素材之間，裝飾上蕎麥花。

4 把小黃瓜格蘭尼達鋪在多個位置，用濾茶器篩撒糖粉、小黃瓜皮粉末。

> 雪松果、藍莓、酸乳

酸乳冰淇淋

材料（容易製作的份量）
酸乳（Lait Ribot）…… 450g
鮮奶油（35%）…… 65g
精白砂糖 …… 90g
水飴 …… 20g

製作方法
1 把所有材料放進鋼盆，用打蛋器攪拌，放進
　PACOJET食物調理機的容器裡面，冷凍。
2 使用前用PACOJET食物調理機進行攪拌。

藍莓的圓盤格蘭尼達

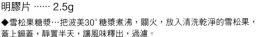

材料（容易製作的份量）
藍莓 …… 200g
雪松果糖漿◆ …… 50g
明膠片 …… 2.5g

◆雪松果糖漿…把波美30°糖漿煮沸，關火，放入清洗乾淨的雪松果，
蓋上鍋蓋，靜置半天，讓風味釋出，過濾。

製作方法
1 用攪拌機把藍莓攪拌成泥狀。
2 把雪松果糖漿放進鍋裡加熱，倒入明膠溶解。
3 把2倒進1裡面攪拌，倒進直徑5.5cm的圓盤狀模
　型至5～6mm厚度，冷凍。

雪松果凍

材料（容易製作的份量）
A ┌ 水 …… 1000g
　└ 精白砂糖 …… 90g
明膠片 …… 適量（參考步驟2）
　┌ 雪松果 …… 500g
　│ 薄荷葉 …… 30g
B │ 萊姆皮（磨成泥）…… 2顆份量
　└ 萊姆汁 …… 2顆

製作方法
1 把A放進鍋裡煮沸，關火，把B倒入，蓋上鍋
　蓋，靜置半天，讓風味釋出，過濾。
2 把1加熱，把重量1.3%的明膠倒入，溶解後，倒
　進容器，放進冰箱冷卻凝固。

其他

藍莓、薄荷葉、橄欖油

❖ 組合 ❖

1 用湯匙撈取酸乳冰淇淋，放到中央挖空的冰製容
　器裡面，上面放上藍莓的圓盤格蘭尼達。
2 把橫切成對半的藍莓堆疊在1的上面。
3 把薄荷撒在2的上面，淋上橄欖油。

>泰莓與可可

山椒酥餅碎

材料（容易製作的份量）
奶油 …… 50g
山椒粉 …… 3g
低筋麵粉 …… 50g
杏仁粉 …… 50g
細蔗糖 …… 50g

製作方法
1 把所有材料放進食物調理機，持續攪拌至呈現鬆散狀。
2 把1撒在舖有矽膠墊的烤盤上面，用170℃的烤箱烤15～20分鐘，放涼。

巧克力慕斯

材料（容易製作的份量）
蛋黃 …… 90g
A ┌ 鮮奶油（35%）…… 45g
　└ 精白砂糖 …… 40g
黑巧克力
　（CACAO HUNTERS · Elizabeth）…… 173g
鮮奶油（35%）…… 345g
薑末 …… 20g

製作方法
1 把蛋黃放進攪拌盆，用攪拌機打發。
2 把A放進鍋裡煮沸，逐次少量地倒進1裡面攪拌。
3 把融化的巧克力放進鋼盆，把2逐次少量地加入，一邊用打蛋器攪拌。中途會出現分離現象，但只要持續攪拌就會乳化。加入薑末混拌。
4 把鮮奶油打發成7分發，倒進3裡面，用橡膠刮刀混拌。

泰莓慕斯

材料（容易製作的份量）
泰莓果泥 …… 308g
精白砂糖 …… 5.3g
明膠片 …… 9.8g
A ┌ 精白砂糖 …… 86g
　└ 水 …… 23g
蛋白 …… 56g
鮮奶油（35%）…… 114g
B ┌ 檸檬汁 …… 20g
　└ 琴酒 …… 17g

製作方法
1 把泰莓果泥分成各一半份量，一份放進鍋裡，剩餘的一份放進攪拌盆，隔著冰水備用。
2 把1的鍋子加熱，加入明膠融解，馬上倒進裝有藍莓果泥的攪拌盆裡面，用橡膠刮刀混拌，讓溫度下降至人體肌膚的溫度。
3 2的攪拌盆維持隔著冰水的狀態，直接放到攪拌機上面，打發。
4 把A放進另一個鍋子加熱，製作出117℃的糖漿。
5 把蛋白放進另一個攪拌盆，用攪拌機打發，把4倒入，進一步打發，製作成義式蛋白霜。
6 鮮奶油打發成9分發。
7 把6和5的一部分放進鋼盆，用打蛋器攪拌，再將其倒進3裡面撈拌。
8 剩餘的6、5依序倒進7裡面，每次倒入材料都要撈拌。
9 把B倒進8裡面撈拌。

小茴香冰淇淋

材料（容易製作的份量）
A ┌ 牛乳 …… 375g
　│ 精白砂糖 …… 37.5g
　│ 鮮奶油（38%）…… 150g
　└ 水飴 …… 113g
小茴香葉 …… 40g

製作方法
1 把A放進鋼盆，用打蛋器攪拌，連同小茴香葉一起放進PACOJET食物調理機的容器，冷凍。
2 使用前用PACOJET食物調理機進行攪拌。

可可豆翻糖

材料（容易製作的份量）
異麥芽糖醇 …… 250g×2
水 …… 50g×2
酒石酸 …… 少量
色粉（紅、黃）…… 適量

製作方法
1　分別在兩個鍋子裡面放入水50g、酒石酸、異麥芽糖醇250g加熱，異麥芽糖醇融解後，加入紅和黃的色粉，製作出紅色和黃色。
2　分別把1加熱至170℃左右，倒在矽膠墊上面，搓揉混拌，製作成大理石狀。如果搓揉過度，就會變成白色，所以要多加注意。
3　把2用手抓起拉扯，拉到彈珠程度的大小，用剪刀剪斷，再利用翻糖工藝用的幫浦吹入空氣，一邊拉扯前端，讓其膨脹成可可豆的形狀，拿掉幫浦，冷卻凝固。剪掉底部，製作成圓頂狀。

花香雪花冰粉

材料（容易製作的份量）

A
水 …… 450g
精白砂糖 …… 45g
檸檬汁 …… 30g
泰莓果泥 …… 20g
糖漬糖漿◆ …… 120g

乾燥木槿花 …… 9g

B
玫瑰水 …… 5g
接骨木花糖漿 …… 10g

◆糖漬糖漿…把水60g、白葡萄酒80g、精白砂糖50g、檸檬汁8g放進鍋裡煮沸，放涼。

製作方法
1　把A放進鍋裡加熱，沸騰後放入乾燥木槿花，關火，蓋上保鮮膜，靜置10分鐘，讓風味釋出。
2　用吸油紙過濾1，放涼，放進冰箱冷藏。
3　把B倒進2裡面混拌，加入液態氮，使其冷凍，再放到食物調理機裡面攪拌成顆粒狀。
4　把3放進鋼盆，再次灌入液態氮，讓溫度下降。

其他

紅醋栗、小茴香葉、覆盆子、木槿花

⋟ 組合 ⋟

1　把山椒酥餅碎放在容器的正中央，放上切成對半的覆盆子。

2

依序把巧克力慕斯、泰莓慕斯擠在1的上面。

3
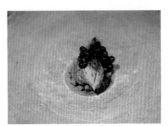
把塑型成紡錘狀的小茴香冰淇淋、紅醋栗、小茴香葉放在2的上面。

4　覆蓋上可可豆翻糖，放上紅醋栗、木槿花，再撒上花香雪花冰粉。

山羊乳酪與草莓（食譜p.168）

荒井昇　濱村浩

在春天至初夏進入產季的山羊乳酪和同一時期上市的莓果。

雖是十分經典的組合，不過，甜菜根醬汁的質樸香氣，以及混在醬汁裡的接骨木花糖漿的

青澀香氣，讓草莓的果實味變得更加鮮明，山羊乳酪用泡沫的形式表現出現代化的輕盈口感。

米布丁 _{（食譜p.169）}

荒井昇　濱村浩

法國家庭很喜歡在米布丁上面加上大量莓果，靈感就來自於此。

米布丁和米布丁的冰淇淋，再加上新鮮莓果，莓果季節盛開的花朵也是形象的展現之一。

糖漬大黃根的酸味和可可豆香料的糖漿，

讓米布丁的口感更顯輕盈，同時浮現出莓果的酸味和果實感。

> 山羊乳酪與草莓

右後方是草莓和開心果的迷你塔，建議在中途吃一下，轉換一下味蕾感受。之所以在泡沫裡面添加橄欖粉，原因來自於荒井先生在南法學徒時期的回憶，因為「草莓、山羊乳酪和橄欖十分對味」。

法式甜塔皮

材料（容易製作的份量）
奶油 …… 250g
鹽巴 …… 2g
糖粉 …… 37.5g
A ┌ 全蛋 …… 1個
　└ 蛋黃 …… 1個
B ┌ 糖粉 …… 112.5g
　└ 杏仁粉（帶皮）…… 112.5g
低筋麵粉 …… 375g
＊A混合備用。
＊B混合過篩備用。

製作方法
1 把奶油放進攪拌盆，用攪拌機的拌打器攪拌成略硬的髮蠟狀。依序加入鹽巴、糖粉，用較遲緩的中速攪拌。
2 把A分2～3次倒進1裡面攪拌乳化。
3 調降攪拌機的速度，把B倒進去慢慢攪拌。篩入低筋麵粉攪拌均勻，用保鮮膜包起來，放進冰箱冷藏一晚。
4 把3的厚度擀壓成2mm，填進直徑4.5cm的塔派模型裡面，再重疊上相同尺寸的塔派模型，最後再重疊上鐵板，避免烘烤的時候隆起，用160℃的烤箱烤6～7分鐘，直到產生烤色。
5 拿掉4上方重壓的道具，趁熱用毛刷抹上全蛋蛋液（份量外）。再次放進160℃的烤箱烤1分鐘，放涼。

開心果奶油醬

材料（容易製作的份量）
奶油 …… 30g
炸彈麵糊（參考右列）…… 10g
義式蛋白霜（參考右列）…… 10g
甜點奶油醬（參考右列）…… 100g
開心果醬 …… 40g
＊奶油恢復至髮蠟狀備用。

製作方法
1 把奶油放進鋼盆，加入炸彈麵糊，用打蛋器攪拌，進一步加入義式蛋白霜攪拌。

2 把甜點奶油醬放進另一個鋼盆，用橡膠刮刀按壓攪散，讓奶油醬產生一點筋。注意不要把筋切斷。
3 把1倒進2裡面，用橡膠刮刀輕輕攪拌。
4 把開心果醬倒進鋼盆，把3的1/4份量倒入，把開心果醬勻開。倒回3的鋼盆，整體攪拌均勻。

甜點奶油醬

材料（容易製作的份量）
A ┌ 牛乳 …… 475g
　└ 鮮奶油 …… 25g
B ┌ 蛋黃 …… 120g
　│ 精白砂糖 …… 100g
　│ 玉米澱粉 …… 20g
　└ 低筋麵粉 …… 20g
奶油 …… 25g

製作方法
1 把A放進鍋裡煮沸。
2 把B放進鋼盆，用打蛋器充分攪拌，把1倒入攪拌，倒回鍋裡持續烹煮。
3 加入奶油攪拌乳化，放涼。

炸彈麵糊

材料（容易製作的份量）
蛋黃 …… 160g
精白砂糖 …… 250g
水 …… 適量

製作方法
1 把精白砂糖放進鍋裡，加入略多的水淹過精白砂糖，加熱製作成110℃的糖漿。
2 把蛋黃放進攪拌盆，用攪拌機打發，把1倒入，進一步確實打發。

義式蛋白霜

材料（容易製作的份量）
蛋白 …… 50g
精白砂糖 …… 100g
水 …… 適量

製作方法
1 把精白砂糖放進鍋裡，加入水（約精白砂糖的1/3份量），加熱製作成118℃的糖漿。
2 把蛋白放進攪拌盆，用攪拌機打入空氣，把1倒入，進一步確實打發

醃漬草莓

材料（1人份量）
草莓（切成5mm丁塊）…… 15g
草莓醬汁◆ …… 3g

◆草莓醬汁…把草莓果泥100g和精白砂糖20g放進鍋裡煮沸，稍微熬煮，避免搭配新鮮草莓的時候顯得味道太淡，放涼。

製作方法

1　把草莓和草莓醬汁放進鋼盆拌勻。
2　倒進直徑4cm的半球形多連矽膠模至平滿，放進冰箱冷藏。

山羊乳酪奶泡

材料（容易製作的份量）
山羊乳酪（Sainte-Maure Blanche）…… 100g
白乳酪 …… 50g
A ┌ 牛乳 …… 150g
　├ 鮮奶油 …… 80g
　└ 精白砂糖 …… 50g
B ┌ 檸檬汁 …… 9g
　└ 增稠劑（PROESPUMA COLD・SOSA）…… 23g

製作方法

1　把A放進鍋裡煮沸。
2　將山羊乳酪切成細碎，和白乳酪一起倒進1裡面，稍微煮沸後，關火。
3　用攪拌器把2攪拌至山羊乳酪沒有結塊的程度，冷卻。
4　把B倒進3裡面充分攪拌，裝進奶泡虹吸瓶裡面，灌入專用的氣體。

草莓雪酪

材料（容易製作的份量）
A ┌ 水 …… 140g
　├ 轉化糖漿 …… 60g
　├ 精白砂糖 …… 100g
　└ 增稠劑（Vidofix）…… 2g
冷凍草莓果泥（冷凍狀態）…… 500g
檸檬汁 …… 20g

製作方法

1　把A放進鍋裡煮沸。
2　把冷凍草莓果泥切碎，放進鋼盆，加入檸檬汁、1攪拌，放涼。
3　放進PACOJET食物調理機的容器，冷凍。使用前用PACOJET食物調理機攪拌。

甜菜根醬汁

材料（容易製作的份量）
甜菜根汁◆ …… 50g
A ┌ 接骨木花糖漿 …… 18g
　└ 檸檬汁 …… 2g

◆甜菜根汁…把甜菜根的皮削掉，切成骰子狀，放進慢磨機研磨成液體。

製作方法

1　把甜菜根汁放進鍋裡煮沸，用布過濾，放涼。
2　把A倒進1裡面攪拌。

其他

草莓、酢漿草、開心果、黑橄欖粉

⇒ 組合 ⇐

1　把開心果奶油醬倒進法式甜塔皮裡面至平滿。
2　把抹刀插進放在模型裡的醃漬草莓的單邊，旋轉取出醃漬草莓，放在1的上方。
3　把切碎的開心果放在2的上方。
4　把切成立方體狀的草莓放在中央下凹容器的凹陷位置的右側，在上方裝飾酢漿草。
5　把山羊乳酪奶泡擠在4的左前方。上面撒上黑橄欖粉。
6　把塑型成紡錘狀的草莓雪酪放在4、5的後方。
7　把3裝盤，連同6一起供餐，上桌後在6的上面淋上甜菜根醬汁。

>米布丁

照片右後方是薄烤的法式派皮麵團，就像是冰淇淋隨附威化餅那樣的感覺。清口的同時，在嘴裡擴散的奶油風味，為甜點整體帶來奢華印象。供餐時，建議噴灑左後方的玫瑰水，讓香氣更鮮明。

米布丁

材料（容易製作的份量）
米布丁基底（參考p.170）…… 110g
鮮奶油 …… 100g
精白砂糖 …… 10g

製作方法

1　把精白砂糖放進鮮奶油裡面打發。
2　把米布丁基底放進鋼盆，把1的1/3份量倒入，用橡膠刮刀充分混拌，把剩下的1倒入，粗略攪拌，打入空氣。

米布丁冰淇淋

材料（容易製作的份量）
牛乳 …… 1000g
鮮奶油 …… 250g
精白砂糖 …… 250g
脫脂牛奶 …… 62g
水飴 …… 62g
米布丁基底（參考下列）…… 500g

製作方法
1. 把米布丁以外的材料放進鍋裡加熱，在沸騰之前加入米布丁基底（如果一開始就把米布丁放進去，比較容易焦黑）。煮沸後，關火。
2. 用攪拌器攪拌1，把米布丁的顆粒攪拌成細碎（進行步驟3的時候，不至於囤積在PACOJET食物調理機的容器底部的顆粒大小）。
3. 2放涼後，放進PACOJET食物調理機的容器裡面，冷凍。使用前用PACOJET食物調理機攪拌。

米布丁基底

材料（容易製作的份量）
米 …… 100g
A 　牛乳 …… 400g
　　香草豆莢 …… 1支
　　精白砂糖 …… 50g
奶油 …… 20g

製作方法
1. 把熱水放進鍋裡煮沸，米烹煮30秒後，用濾網撈起，用水清洗，去除黏液，瀝乾水分。
2. 把1和A放進鍋裡煮沸。沸騰後，改用極小火，蓋上鍋蓋，烹煮20～30分鐘。偶爾用橡膠刮刀攪拌，避免焦黑。
3. 達到用手指夾住就能輕易掐碎的硬度後，烹煮完成（放涼後會收縮變硬，所以要烹煮得更軟）。趁熱加入切碎的奶油，充分攪拌。
4. 倒進調理盤，把保鮮膜平貼在表面，隔著冰水，放涼。

大黃根配料①

材料（容易製作的份量）
大黃根較粗的部分 …… 250g
水 …… 1000g
精白砂糖 …… 300g

製作方法
1. 把大黃根的長度切成9cm，削皮。
2. 把水、1的大黃根皮、精白砂糖放進鍋裡煮沸，製作出充滿大黃根香氣和顏色的糖漿。
3. 把2過濾，把一半份量放進燒杯等容器，放涼，放進冰箱冷藏。一半份量放進鍋裡。

4. 把大黃根放進3的鍋裡，加熱至稍微沸騰的程度，慢火烹煮至大黃根呈現軟爛的程度。把浮起來的大黃根輕輕地翻面，把整體煮熟。如果火侯太大，大黃根的外側就會鬆散。
5. 大黃根熟透之後，輕輕取出，放進3冷卻的糖漿裡面浸漬，放進冰箱冷藏一晚。
6. 把5的水分瀝乾，將兩端的邊緣切掉，長度切成4cm。

大黃根配料②

材料（容易製作的份量）
大黃根較細的部分 …… 100g
覆盆子糖漿（參考下列）…… 500g

製作方法
1. 把大黃根的長度切成10cm，削皮，縱切成細條。
2. 覆盆子糖漿的一半份量放進燒杯等容器裡面，放進冰箱冷藏備用。一半份量放進鍋裡加熱。
3. 鍋裡的糖漿煮沸後，把1倒入，用小鑷子把大黃根正中央捏起的時候，如果呈現兩側下垂的弧狀，就可以放進2冷卻的糖漿裡面浸漬，放進冰箱冷藏一晚（如果彎曲的程度太誇張，就代表煮得太熟。要維持口感殘留的狀態）。
4. 把3殘留在鍋子裡面的糖漿冷卻，倒進3浸漬大黃根的糖漿裡面，放進冰箱冷藏一晚。把水分瀝乾，長度切成3cm。

覆盆子糖漿

材料（容易製作的份量）
冷凍覆盆子（也可以把邊角料放進去）
　…… 1000g
可可粒 …… 150g
水 …… 150g
精白砂糖 …… 260g

製作方法
1. 使用的前一天，把所有的材料放進調理盤，蓋上保鮮膜，放進冰箱裡面備用。
2. 隔天，用85℃的蒸氣熱對流烤箱加熱3～4小時。以覆盆子的果汁熬出，果實顏色稍微變淡的程度為標準。
3. 用濾網把2輕輕撈起，過濾。
4. 在3的濾網上面覆蓋保鮮膜，在保鮮膜上面放上重物，讓殘留在覆盆子裡面的水分往下滴落。
5. 把3、4過濾的液體混在一起放進鍋裡煮沸，用布過濾，放涼，放進冰箱冷卻。

ALLURET

材料（容易製作的份量）

A ┌ 低筋麵粉 …… 250g
　└ 高筋麵粉 …… 250g
奶油（水麵團用）…… 50g
B ┌ 牛乳 …… 113g
　│ 水 …… 113g
　│ 鹽巴 …… 10g
　└ 精白砂糖 …… 10g
奶油（折疊用）…… 400g
用水稀釋的全蛋 …… 適量
多香果粉 …… 適量

＊B混合，鹽巴和精白砂糖溶解備用。

製作方法

1 把A、奶油放進攪拌盆，用攪拌機的攪拌勾低速攪拌，把B少量分次加入，持續攪拌至整體呈現鬆散的小團塊狀。

2 把1取出，彙整成團，用菜刀在上方切出十字切痕，放進冰箱靜置1小時以上（水麵團用）。

3 用擀麵棍把摺疊用的奶油擀壓成18cm×18cm左右的大小。

4 把2放在撒了手粉（份量外）的作業台上，用擀麵棍擀平，把3包起來。用擀麵棍敲打，讓奶油和水麵團緊密貼合，用保鮮膜包起來，放進冰箱靜置1小時。

5 用擀麵棍把4擀平，摺成三褶，再次擀平，摺成三褶，用保鮮膜包起來，放進冰箱靜置1小時。

6 和5相同，摺三褶的動作操作2次，放進冰箱靜置一晚。

7 和5相同，摺三褶的動作操作2次（共計2次），放進冰箱靜置1小時。

8 用菜刀把7分成7等分，把1個擀壓成長度45cm以上、寬度24cm以上的長方形，厚度為2mm。切成對半，製作2片22.5cm×24cm的尺寸。

9 用毛刷把蛋液薄塗在8的上面，撒上多香果粉，再次塗抹蛋液，直到多香果粉的粉末感消失。

10 把9的22.5cm那一邊放在前面，往內捲起來，製作成長度22.5cm的棒狀，用保鮮膜包起來，冷凍。

11 用冰箱把10半解凍，將厚度切成5～6mm，放進冰箱解凍。

12 在11上面撒上大量的糖粉，用來取代手粉，然後一邊讓麵團穿過製麵機，將1片擀壓成寬7～8cm、長低於20cm的橢圓形。

13 把2片12放在適當裁減的烘焙紙上面，覆蓋上保鮮膜。依序重疊上烘焙紙、12（2片）、保鮮膜，冷凍。

14 把13的使用份量解凍。

15 把熱對流烤箱預熱至195℃，同時預熱加熱矽膠墊的烤盤。讓烘焙紙朝上，把撕掉保鮮膜的14排放在烤盤上面。把鐵網等疊放在上面，以免烘焙紙脫落，用195℃的熱對流烤箱烤1分45秒。

16 把鐵網拿掉，將烤盤反轉，放回烤箱，為避免麵團隆起，放在預熱的烤盤上，再次用195℃的溫度烤1分45秒（烤盤的重量如果不足，就用壓塔石進行調整）。

17 出爐後，趁熱把烘焙紙拿掉，在矽膠墊上面把單邊的短邊切掉，製作成長度15cm。

其他

藍莓（大顆）、覆盆子、食用花、玫瑰水

✦ 組合 ✦

1 把湯匙撈取的米布丁裝飾鋼盆狀的容器裡面。

2

在米布丁的兩端放2條大黃根配料①，像是把米布丁圍起來那樣，隨附上3根大黃根配料②。

3
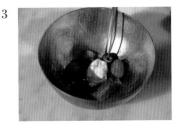
把覆盆子和藍莓各2個放在大黃根配料①之間。

4 整體淋上覆盆子糖漿。

5 把塑型成紡錘狀的米布丁冰淇淋放在米布丁的上面，裝飾上食用花。

6 5連同豎立的ALLURET一起上桌，把裝在噴霧器裡面的玫瑰水噴灑在5上面。

草莓麵包丸子 （食譜p.176）

宮木康彥

麵包丸子是把變硬的麵包製作成丸子狀的北義大利料理，
宮木先生利用草莓把它改版成包裹著當地水果的甜點版。
稍微加熱過的酸甜草莓和溫暖的瑞可塔起司麵團，
被新鮮草莓壓碎製成的醬汁的奢華香氣所包圍。

沙巴雍醬焗烤莓果

（食譜 p.177）

宮木康彥

沙巴雍醬添加了香氣極高的
辛口酒「Vecchio Samperi」，
搭配香草冰淇淋和大量的莓果一起烤。
以北義大利為形象的甜點。
相對於醬汁的濃郁，各式各樣的莓果酸味、
冷熱對比，以及加熱後變得更加清晰的酒香，
令人愛不釋手。

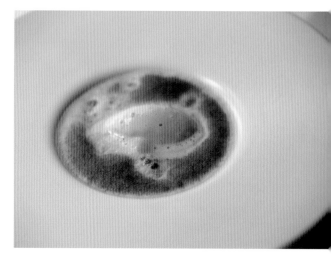

紅茶義式冰淇淋佐莓果醬汁 （食譜p.178）

宮木康彥

莓果和紅茶特有的香氣與清淡的澀味，展現出「相互拉扯，進而激盪出美麗火花」的契合表現。

義式冰淇淋減少雞蛋的用量，凸顯出添加了玫瑰花的紅茶風味。

溫熱的莓果醬汁幫生莓果稍微加溫的同時，讓義式冰淇淋慢慢融解，串聯整體的風味。

> 草莓麵包丸子

麵包丸子的麵團

材料（8～10個）

A
```
┌ 瑞可塔起司 ⋯⋯ 230g
│ 奶油 ⋯⋯ 40g
│ 精白砂糖 ⋯⋯ 10g
│ 檸檬皮（磨成泥）⋯⋯ 1/2個
└ 鹽巴 ⋯⋯ 1撮
```
蛋黃 ⋯⋯ 2個
低筋麵粉 ⋯⋯ 120g

＊奶油恢復至髮蠟狀備用。
＊低筋麵粉過篩備用。

製作方法

1　把A放進鋼盆，用橡膠刮刀攪拌。
2　把蛋黃逐個加入，每次加入都要確實攪拌均勻。
3　加入低筋麵粉，以不揉捏的方式攪拌。
4　蓋上保鮮膜，在冰箱內靜置1小時。
5　把4分成40～50g一坨。

肉桂麵包粉

材料（容易製作的份量）

麵包粉（細研磨）⋯⋯ 100g
奶油 ⋯⋯ 50g
A
```
┌ 精白砂糖 ⋯⋯ 50g
└ 肉桂粉 ⋯⋯ 3g
```

製作方法

1　把奶油放進鍋裡，加熱融解，加入麵包粉，輕輕拌炒出香氣。
2　把1倒進鋼盆，加入A混拌。

草莓醬汁

材料（容易製作的份量）
草莓 ⋯⋯ 4個
細蔗糖 ⋯⋯ 5g

製作方法

把去除蒂頭的草莓放進鋼盆，撒上細蔗糖，用湯匙把草莓壓碎，一邊翻攪，稍微靜置直到草莓的水分滲出。

其他

草莓、義大利香醋

✦ 組合 ✦

1　草莓去除蒂頭，用麵包丸子麵團包起來，搓圓。
2　用加了1％鹽巴（份量外）的熱水，把1烹煮7～10分鐘，瀝乾水分。
3　把2放進裝有肉桂麵包粉的鋼盆裡面，裹滿整體。
4　裝盤，把草莓醬汁倒入盤中，在醬汁上面滴上少量的義大利香醋。

> 沙巴雍醬焗烤莓果

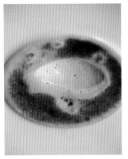

義式冰淇淋

材料（容易製作的份量）

A ┌ 蛋黃 …… 15個
　└ 精白砂糖 …… 150g
牛乳 …… 1ℓ
香草豆莢 …… 2支
B ┌ 鮮奶油（42%）…… 150g
　└ 增稠劑（Gelespessa）…… 1g

製作方法

1 把牛乳的1/2份量和連同豆莢一起的香草豆莢放進攪拌機攪拌，倒進鍋裡。把剩餘的牛乳倒進攪拌機，輕輕晃動，讓殘留在底部或側面的香草豆莢浮起，倒進相同的鍋子。
2 把A放進鋼盆，用打蛋器摩擦攪拌直到泛白程度。
3 把1的鍋子加熱，在快要沸騰的時候，分3次倒進2裡面，每次加入都要均勻攪拌，倒回鍋子加熱，一邊攪拌烹煮至83℃。
4 加入B攪拌，過濾，放涼。
5 把4倒進PACOJET食物調理機的容器，冷凍，用PACOJET食物調理機攪拌。重複多次冷凍和攪拌的動作，讓材料充滿空氣。

沙巴雍醬

材料（容易製作的份量）

蛋黃 …… 4個
精白砂糖 …… 36g
Vecchio Samperi …… 30g

製作方法

1 把所有材料放進鋼盆，用打蛋器攪拌，打入空氣。
2 把1的鋼盆隔水加熱，進一步攪拌，製作成蓬鬆的醬汁。

其他

冷凍小紅莓、黑醋栗、黑莓

⤐ 組合 ⤐

1 把解凍的小紅莓、黑醋栗、黑莓排放在深度較淺的耐熱盤內，把用湯匙塑型成紡錘狀的義式冰淇淋放在上面。
2 淋上大量的沙巴雍醬，用烘烤機烘烤表面。

＞紅茶義式冰淇淋佐莓果醬汁

紅茶義式冰淇淋

材料（容易製作的份量）

牛乳 …… 500g

A ┌ 蛋黃 …… 3個
  └ 精白砂糖 …… 85g

紅茶茶葉（添加了乾燥玫瑰花的阿薩姆紅茶）…… 7g

B ┌ 鮮奶油（45%）…… 60g
  └ 增稠劑（Gelespessa）…… 3g

製作方法

1　把牛乳倒進鍋裡加熱，在即將沸騰之前關火，加入紅茶茶葉，蓋上鍋蓋，靜置5分鐘，讓風味釋出。

2　把A放進鋼盆，用打蛋器摩擦攪拌直到泛白程度。把1連同茶葉一起倒入攪拌均勻，再倒回鍋裡加熱，一邊攪拌烹煮至83℃。

3　加入B攪拌，過濾，放涼。

4　把3倒進PACOJET食物調理機的容器，冷凍。重複多次冷凍和攪拌的動作，讓材料充滿空氣。

醬汁

材料（容易製作的份量）

A ┌ 覆盆子果泥 …… 25g
  └ 精白砂糖 …… 5g

製作方法

把A放進鍋裡加熱。

其他

覆盆子、草莓、藍莓、黑莓

❖ 組合 ❖

1　把覆盆子、草莓、藍莓、黑莓裝進湯盤，把紅茶義式冰淇淋用湯匙塑型成紡錘狀，放在盤中央。

2　供餐時淋上熱的醬汁。

獨活、莓（食譜p.183）

川手寬康

「香氣細膩，存在感十足，卻又不會掩蓋掉其他配料的光芒」。

把草莓和同一時令的無糖獨活巴伐利亞奶油結合在一起。

木槿花的酸和切碎的冬瓜砂糖漬的鮮明甜味，

利用獨活和草莓的香氣完美包裹，那份酥脆感和巴伐利亞奶油的柔滑呈現對比。

紅醋栗（食譜p.184）

川手寬康

把擁有強烈的酸味，卻因香氣沉穩，
而十分容易與其他素材調和的紅醋栗製作成簡單的果泥。
椰子法式奶凍和牛奶雪花冰粉的濃醇風味，
以適度濃縮兼具高雅的香氣，營造出整體感。

覆盆子 （食譜p.184）

川手寬康

「儘管少量，卻能同時維持素材特有的酸味和香氣的協調」，
把冷凍搗碎的覆盆子混進大黃根冰淇淋裡面。
把它填塞到櫛瓜花裡面，裹上薄薄的一層貝涅餅麵團酥炸，
在不讓覆盆子專美於前的情況下，展現出個性風味。

藍莓、番薯（食譜p.185）

川手寬康

用番薯燒酒炙燒馬鈴薯可麗餅的法式火焰薄餅。
透過蒸餾酒的使用，讓香味更加豐醇，
同時又能抑制甜度，讓味道呈現現代式的輕盈口感。
添加藍莓的果實味來調和均衡，
以布利尼的形象，
把魚子醬的鹹味當成味覺上的亮點。

黑莓（食譜p.186）

川手寬康

讓黑莓半乾燥，再用萊姆泡軟，製作出濃縮與複雜相伴的風味。
搭配的焦化奶油醬和可可酥餅控制在隱約能夠感受到香酥與可可感的程度，
讓3種素材都不會太過搶眼，完美融合成一致的奢華風味。

>獨活、莓

獨活巴伐利亞奶油

材料（容易製作的份量）

獨活 …… 淨重180g
鮮奶油（42％）…… 40g
明膠片 …… 3g

製作方法

1　把獨活的外皮削掉，放進攪拌機攪拌成泥狀。
2　把1放進鋼盆，加入鮮奶油，用橡膠刮刀攪拌。
3　把2的一部分加熱，加入明膠溶解，倒回2的鋼盆攪拌。
4　把3倒進容器，放進冰箱冷卻凝固。

草莓汁

材料（容易製作的份量）

草莓 …… 100g
精白砂糖 …… 80g

製作方法

1　把切除蒂頭的草莓和精白砂糖放進鋼盆攪拌，放進冰箱靜置1天備用。
2　過濾1，使用液體。

洛神花油

材料（容易製作的份量）

太白芝麻油 …… 適量
乾燥洛神花 …… 適量

製作方法

1　用攪拌機把乾燥洛神花攪拌成粉末。
2　以5：1左右的比例，把太白芝麻油和1混在一起，放進攪拌機攪拌。

醃漬獨活

材料（容易製作的份量）

獨活的穗 …… 適量
A ⎡ 白葡萄酒 …… 100g
　⎢ 白葡萄酒醋 …… 50g
　⎢ 蘋果醋 …… 50g
　⎢ 水 …… 100g
　⎣ 精白砂糖 …… 10g

製作方法

1　把A放進鍋裡煮沸，放涼。
2　把獨活的穗快速烹煮，放進1裡面浸泡。

其他

草莓、Kippan（用砂糖醃漬冬瓜的沖繩傳統點心）、馬鞭草的嫩芽

✣ 組合 ✣

1　把草莓汁淋在冷卻凝固的獨活巴伐利亞奶油上面，淋上1湯匙的洛神花油。
2　依序撒上切成小方塊狀的草莓、Kippan、醃漬獨活、馬鞭草的嫩芽。

＞紅醋栗

法式奶凍

材料（容易製作的份量）

A ┌ 牛乳 …… 450g
  │ 精白砂糖 …… 45g
  └ 椰子絲條 …… 50g

B ┌ 明膠粉 …… 7g
  └ 水 …… 21g

發泡鮮奶油（42%．6分發）…… 105g

＊B混在一起，明膠粉泡軟備用。

製作方法

1 把A放進鍋裡煮沸，關火，靜置15分鐘，讓風味釋放，過濾到鋼盆裡面。倒入B，攪拌溶解。
2 把發泡鮮奶油倒進1裡面，用橡膠刮刀撈拌，放進冰箱冷藏凝固。

紅醋栗泥

材料（容易製作的份量）

紅醋栗 …… 1包

製作方法

把紅醋栗的枝拔掉，用攪拌機攪拌成泥狀。

牛奶雪花冰粉

材料（容易製作的份量）

牛乳 …… 適量

製作方法

把牛乳放進鋼盆，倒入液態氮凝固，用攪拌器攪拌成粉末狀。

其他

紅醋栗（冷凍）

❖ 組合 ❖

1 用湯匙撈取法式奶凍，裝盤，淋上紅醋栗泥。
2 撒上牛奶雪花冰粉，裝飾上紅醋栗。

＞覆盆子

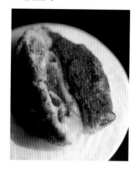

大黃根冰淇淋

材料（容易製作的份量）

大黃根汁
（用攪拌機把大黃根打成汁）…… 270g

A ┌ 全蛋 …… 189g
  └ 精白砂糖 …… 120g

融化奶油 …… 63g

覆盆子 …… 適量

＊覆盆子冷凍備用。

製作方法

1 把A放進鋼盆，用打蛋器摩擦攪拌。
2 把大黃根汁倒進鍋裡煮沸。
3 把2倒進1裡面攪拌，倒回鍋裡，攪拌烹煮至83℃。
4 倒入融化奶油充分攪拌，放涼，放進PACOJET食物調理機的容器裡面，放進冷凍庫冷凍。
5 用PACOJET食物調理機攪拌4，混入拍打成細碎的覆盆子。

貝涅餅麵團

材料（容易製作的份量）

低筋麵粉 …… 100g

鹽巴 …… 1g

酵母 …… 10g

啤酒 …… 130g

製作方法

把所有材料放進鋼盆攪拌，靜置30分鐘。

大黃根醬汁

材料（容易製作的份量）
大黃根 …… 適量
精白砂糖 …… 適量

製作方法
1 用慢磨機把大黃根研磨成液狀，倒進鍋裡熬煮，直到份量剩下1/3。
2 試味道，添加精白砂糖，調整甜度。

其他
櫛瓜花、炸油、冷凍乾燥覆盆子粉

✦ 組合 ✦

1 把櫛瓜花的雄蕊和雌蕊去除，將大黃根冰淇淋填塞到其中。
2 用貝涅餅麵團把1包起來，用170℃的熱炸油油炸。
3 把油瀝乾，撒上覆盆子粉，裝盤。在貝涅餅旁邊隨附上大黃根醬汁。

> 藍莓、番薯

可麗餅

材料（容易製作的份量）
高筋麵粉 …… 90g
牛乳 …… 170g
全蛋 …… 1個
精白砂糖 …… 20g
融化奶油 …… 10g
馬鈴薯泥◆ …… 200g

◆馬鈴薯泥…把馬鈴薯烹煮至軟爛，剝掉外皮，用攪拌機攪拌成泥狀。

製作方法
1 把高筋麵粉和精白砂糖倒進鍋盆，用打蛋器攪拌，加入全蛋、牛乳，每次加入都要攪拌。
2 把馬鈴薯泥倒進1裡面攪拌，放進冰箱靜置12小時。
3 把融化奶油倒進2裡面攪拌。
4 用平底鍋融解奶油（份量外），把3倒進平底鍋，將兩面煎成焦黃色。

其他
精白砂糖、奶油、奶油糖果香甜酒（MARIENHOF）、番薯燒酒（樽熟成的種類）、藍莓、迷迭香、魚子醬、發泡鮮奶油（7%加糖，塑型成紡錘狀後冷凍）

✦ 組合 ✦

1 把精白砂糖放進平底鍋加熱，上色後，倒入奶油，加入奶油糖果香甜酒和番薯燒酒，一邊炙燒，使奶油融解。
2 把折疊成4份的可麗餅放進1裡面，稍微烹煮，加入藍莓和迷迭香，蓋上鍋蓋，在產生香氣的同時，快速烹煮。
3 把2裝盤，隨附上些許魚子醬，上面擺上發泡鮮奶油。

＞黑莓

可可酥餅麵團

材料（容易製作的份量）

奶油 …… 125g
糖粉 …… 80g
蛋黃 …… 20g
鹽巴 …… 0.2g
萊姆酒 …… 10g

A ┌ 杏仁粉 …… 15g
　├ 低筋麵粉 …… 100g
　├ 可可粉 …… 10g
　└ 泡打粉 …… 1g

＊奶油恢復至髮蠟狀備用。
＊A混合過篩備用。

製作方法

1 把奶油和糖粉放進鋼盆，用打蛋器摩擦攪拌至泛白狀態。
2 加入蛋黃，充分攪拌乳化。
3 加入鹽巴、萊姆酒攪拌。
4 加入A，用橡膠刮刀劃切攪拌至粉末感消失為止。彙整成團，用保鮮膜包起來，放進冰箱直到冷卻。
5 把4的厚度擀壓成2mm，用直徑6.5cm的圓形切模壓切成圓形，排放在鋪有透氣烤盤墊的烤盤上面。用175℃的烤箱烤8～10分鐘，放涼。

奶油糖霜

材料（容易製作的份量）

A ┌ 蛋黃 …… 20g
　└ 全蛋 …… 20g
精白砂糖 …… 62g
水 …… 適量（參考步驟1）
B ┌ 焦化奶油 …… 88g
　└ 發酵奶油 …… 88g
萊姆酒 …… 15g

＊發酵奶油恢復至室溫備用。

製作方法

1 把精白砂糖和醃過精白砂糖的水放進鍋裡煮沸，製作出117℃的糖漿。
2 把A放進攪拌盆，用攪拌機打發，把1倒入，進一步打發直到呈現泛白、濃稠狀。
3 把B放進鋼盆，用打蛋器攪拌均勻。
4 把2放進3裡面攪拌均勻，加入萊姆酒攪拌。

白蘭地風味的黑莓

材料（容易製作的份量）

黑莓 …… 適量
A ┌ 水 …… 300g
　├ 精白砂糖 …… 200g
　└ 白蘭地 …… 100g

製作方法

1 把黑莓放進乾燥器，用65℃烘乾7小時，製作成半乾。
2 把A放進鍋裡煮沸，關火，放涼，放進冰箱冷卻。
3 把1放進2裡面浸泡6小時。

✦ 組合 ✦

1 用圓形花嘴把奶油糖霜擠在可可酥餅麵團的各處。
2 把瀝乾水分的白蘭地風味的黑莓放置在1的奶油糖霜之間的縫隙。
3 用可可酥餅麵團夾起來，裝盤。

莓果索引

作者介紹

荒井昇（照片右）

專門學校畢業後，在都內的餐廳等修業，之後前往法國進修。在巴黎和南法的餐廳累積經驗，回國後，曾經從事築地市場（當時）的仲介買賣，之後以廚師的身分，於2000年在當地淺草自立門戶。料理、甜點均以法國的傳統飲食文化以及熟悉食材的組合搭配為基礎，同時再結合上現代的精緻風格。於2018年開設姊妹店小酒館「ノウラ」。

濱村浩（照片左）

專門學校畢業後，以廚師的身分進入都內餐廳就業。累積服務與廚房經驗後，轉而投入甜點師的行列，在「オーボンヴュータン」學習西點的基礎5年半的時間。在法國、東京累積餐廳甜點師的經驗，於2021年在「オマージュ」和姊妹店「ノウラ」擔任主廚甜點師。跟著荒井主廚一起，以傳統技術與熟悉食材的組合搭配為基礎，追求符合餐廳風格的臨場感和現代化美味。

オマージュ
東京都台東区浅草4-10-5

遠藤淳史

專門學校畢業後，在飯店累積製菓經驗，之後前往法國巴黎修業。歸國後，在「タント・マリー」擔任主廚甜點師，之後於2021年自立門戶。不管是簡單或是複雜的甜點構成都十分擅長，以細膩的平衡感祭出各種甜點的美味主題。多元的造型表現也是源自於飯店工作時期所培養出來技術。

コンフェクト-コンセプト
東京都台東区元浅草2-1-16 シエルエスト1F

金井史章

專門學校畢業後，進入東京BIGOT株式會社任職。之後前往法國進修，在三星餐廳累積經驗。歸國後擔任過小酒館「ブノワ」的主廚甜點師、「アングラン」的主廚甜點師，之後於2020年自立門戶。同一年開設松屋銀座店。重視素材的香氣，並運用法式甜點的技術和甜點的製作經驗，提供各種豐富的甜點。

アンフィニ
東京都世田谷区奥沢7-18-3

川手寬康

從高職的餐飲科畢業後,在「ルブルギニオン」等都內餐廳修業,之後前往法國進修。歸國後,歷經「カンテサンス」副主廚,於2009年自立門戶。在強調法式料理技術的同時,透過周遊日本國內與世界各地的經驗獲得靈感,並將其持續融入,開創出獨特的料理表現。除外,也有參與「デンクシフロリ」、台灣「Logy」、「あずきとこおり」等的業務。

フロリレージュ
東京都港区虎ノ門5-10-7 麻布台ヒルズ ガーデンプラザD 2F

栗田健志郎

大學畢業後,在栃木和東京的甜點店累積經驗,之後前往法國進修。在巴黎的老字號餐廳修業1年,擔任主廚甜點師。回國後,於2015年在土生土長的長野・松本市開業。使用法國產的麵粉,以及以當地生產為主的食材,致力於重視素材原味的甜點製作。果實大多都是直接向鄰近農家採購。

アトリエブレ
長野県松本市蟻ケ崎5-2-8

小山千尋

專門學校畢業後,在甜品店修業。2019年自立門戶。以法國甜點的技術為基礎,不過,對於美國、英國等視覺性甜點也十分擅長。使用季節性素材,致力於提供「豐富日常的美味」。

ティトル
東京都世田谷区砧7-12-26

昆布智成

大學畢業後,進入專門學校學習,畢業後在「オーボンビュータン」、「ピエール・エルメ サロン・ド・テ」修業。之後前往法國進修,在甜點店與餐廳累積經驗。回國後進入「アングラン」任職,自2019年開始擔任主廚甜點師。2023年5月,進入老家的和菓子店「昆布屋孫兵衛」。以培訓的法國甜點技術為基礎,致力於製作打破流派藩籬的甜點。

昆布屋孫兵衛
福井県福井市松本2-2-6

髙橋雄二郎

專門學校畢業後，以廚師身分在都內的法式餐廳修業，之後前往法國進修。在三星餐廳、小酒館、甜點店、麵包店修業後回國。擔任「ルジュードゥラシエット」的主廚後，2015年自立門戶。不管是料理，還是甜點，全都十分重視季節感，並以令人印象深刻的造型，展現出細膩結構的美味。

長屋明花

專門學校畢業後，在神奈川縣的甜點店修業3年。對現做的美味甜點領域深感興趣，在「ブノワ」任職2年半，在義式餐廳和咖啡廳的甜點部門共計任職5年半，2022年開始擔任「ル・スプートニク」主廚甜點師。重視季節素材的味道，同時積極採用雲那間的演出。

ル・スプートニク
東京都港区六本木7-9-9　リッモーネ六本木1F

田中俊大

專門學校畢業後，在都內甜點店累積西點的修業經驗。之後在「ジャニスウォン」、「ジャンジョルジュ東京」、「ラトリエアマファソン」擴增甜點與百匯的經驗，於2022年自立門戶。以日本茶和國產水果、兩種原味的多元組合為主題，提出以甜點為基調的創新菜單。

VERT
東京都新宿区神楽坂3-1 かくれんぼ横丁会館201

中山洋平

專門學校畢業後，歷經「ホテル日航東京」等工作後，前往法國進修，在上薩瓦和巴黎的甜點店修業。歸國後，擔任「銀座菓楽」、「ルエールサンク」的主廚甜點師，2014年自立門戶。2020年豐洲貝イサイドクロス店開張。擅長透過簡單的構成和均衡的協調，製作讓人能夠直接感受美味的甜點。

エクラデジュールパティスリー
東京都江東区東陽4-8-21 TSK第2ビル 1F

平野智久

專門學校畢業後，在大阪的甜點店累積7年左右的經驗，在法國料理店的甜點部門任職2年。之後，在累積了開設多家咖啡廳等的豐富經驗後，於2018年自立門戶。擅長製作常溫甜點，並開拓以季節水果和法式鹹派為主的菜單。致力於以既有概念為基礎，簡單且毫無浪費的食譜提案。

公園と、タルト
大阪府高槻市芥川町4-20-6

宮木康彦

專門學校畢業後，在「青山アクアパッツァ」累積經驗，之後前往義大利進修。在特倫提諾－上阿迪傑和普利亞等地累積修業經驗，歸國。在2008年自立門戶。重視以家庭味道為基礎的義式料理精神，同時運用纖細的溫度與香氣，追求唯有餐廳才有的表現。

siamo noi
東京都目黑区自由が丘3-13-11

山内敦生

專門學校畢業後，進入「ベルグの四月」，累積8年的修業經驗。之後前往法國進修，累積甜點製作的經驗，暫時回國後，在盧森堡的甜點店工作。歸國後，再次進入「ベルグの4月」任職10年左右，於2022年在故鄉愛知縣稻澤市開店。擅長以簡單構成，傳遞素材風味的甜點。

山内ももこ

專門學校畢業後，在「パティスリー・ドゥ・シェフ・フジウ」修業5年，之後前往法國進修。在盧森堡的甜點店累積甜點製作的經驗。回國後，在神奈川縣的甜點店工作4年後，與丈夫敦生先生一起開設「菓子工房ichi」。本書介紹的法式棉花糖是桃子小姐不斷調整食譜後所開發出的成品，桃子小姐總會努力鑽研，盡可能避免製作的前置作業。

菓子工房ichi
愛知県稲沢市一色川俣町 150-1

やまだまり

「アフターヌーンティー・ティールーム」的菓子甜點製造人員，累積經驗後，到神戶・北野的法國料理店甜點部門任職。之後，在神戶・町的食料品店「ネイバーフード」任職，加深了地產地消的造詣。2016年開始以菓子屋マツリカ之名販售自製甜點。2022年開始設立實體店面，店鋪周末營業，並不定期到農夫市集擺攤。

菓子屋マツリカ
兵庫県神戸市中央区下山手通9－4-11島ビル 1F

渡邊世紀

專門學校畢業後，在栃木縣和茨城縣的多間西點店累積經驗。2018年在修業時期所熟悉的宇都宮自立門戶。除了水果之外，更大量使用起司和香草等當地產的素材，以法國甜點為基礎，挑戰符合個人風格的味道與造型表現。店名是自己姓名的法語標記。

パティスリーシエクル
栃木県宇都宮市東宝木町9-20　レジデンス東宝木1F

主要參考文獻（p.6～15）
『まるごとわかるイチゴ』誠文堂新光社 ,2017
『農耕と園芸 2021 年冬号』誠文堂新光社 ,2021
『NHK 趣味の園芸 12 か月栽培ナビ (5) ブルーベリー』NHK 出版 ,2017
『人気のベリーを楽しもう』関塚直子（監修）主婦の友社 ,2007
『ベリーの文化史』ヴィクトリア・ディッケンソン（著）富原まさ江（訳）原書房 ,2022
『ベリーの歴史』ヘザー・アーント・アンダーソン（著）富原まさ江（訳）原書房 ,2020

TITLE

莓果甜點聖經

STAFF

出版	瑞昇文化事業股份有限公司
作者	荒井昇　遠藤淳史　金井史章　川手寬康　栗田健志郎
	小山千尋　昆布智成　髙橋雄二郎　田中俊大　長屋明花
	中山洋平　濱村浩　平野智久　宮木康彦　山内敦生
	山内ももこ　やまだまり　渡邊世紀
譯者	羅淑慧
創辦人 / 董事長	駱東墻
CEO / 行銷	陳冠偉
總編輯	郭湘齡
責任編輯	張聿雯
文字編輯	徐承義
美術編輯	朱哲宏
國際版權	駱念德　張聿雯
排版	二次方數位設計　翁慧玲
製版	印研科技有限公司
印刷	龍岡數位文化股份有限公司
法律顧問	立勤國際法律事務所　黃沛聲律師
戶名	瑞昇文化事業股份有限公司
劃撥帳號	19598343
地址	新北市中和區景平路464巷2弄1-4號
電話	(02)2945-3191
傳真	(02)2945-3190
網址	www.rising-books.com.tw
Mail	deepblue@rising-books.com.tw
港澳總經銷	泛華發行代理有限公司
初版日期	2024年11月
定價	NT$550/HK$172

ORIGINAL EDITION STAFF

設計	鷹觜麻衣子
攝影・編輯	松本郁子

國家圖書館出版品預行編目資料

莓果甜點聖經 = A cake and dessert of the berry /
荒井昇, 遠藤淳史, 金井史章, 川手寬康, 栗田健志郎,
小山千尋, 昆布智成, 髙橋雄二郎, 田中俊大, 長屋明
花, 中山洋平, 濱村浩, 平野智久, 宮木康彦, 山內敦
生, 山內ももこ, やまだまり, 渡邊世紀作 ; 羅淑慧
譯. -- 初版. -- 新北市 : 瑞昇文化事業股份有限公司,
2024.11
192面 ;18.2x25.7公分
ISBN 978-986-401-787-4(平裝)

1.CST: 漿果類 2.CST: 點心食譜

427.16　　　　　　　　　　113016741